1009

Roland Löwisch

# KULT

## KLASSIKER DER 90ER JAHRE

# AUTOS

Impressum

HEEL Verlag GmbH
Gut Pottscheidt
53639 Königswinter
Tel.: 02223 9230-0
Fax: 02223 923026
E-Mail: info@heel-verlag.de
Internet: www.heel-verlag.de



Verantwortlich für den Inhalt: Roland Löwisch

Lektorat: Tim O. Saathoff, Jürgen Schlegelmilch

Satz und Layout: F5 Mediengestaltung, Ralf Kolmsee, Bonn

Fotonachweis: Archiv HEEL Verlag (S. 10, 214); Archive Hersteller; Adobe Stock (S. 10, 44, 99, 199); Auto-Medienportal.Net/DMAX (S. 206 ); Dieter Rebmann (57, 160, 162, 183); Jürgen Schlegelmilch (S. 40)
Titelbild: (c) BMW AG



Printed in Slovakia

ISBN: 978-3-96664-724-3

Roland Löwisch

# KULT
## KLASSIKER DER 90ER JAHRE
# AUTOS

HEEL

CHANEL
CHANEL
CHANEL
CHANEL
HN F 2207

# Vorwort

WOB CP 170

Star auf der IAA 1991: Opel präsentiert den Astra F als Nachfolger des Kadett E. Damit verschwindet nach Manta, Ascona und Monza auch der legendäre Modellname Kadett aus dem Portfolio der Rüsselsheimer. Kurz darauf teilt der Monza dasselbe Schicksal.

Supersportwagen als Versuchsfahrzeug: Der mit dem 6,0-Liter-V12 aus dem SL 600 bestückte Mercedes-Benz C 112 dient den Stuttgartern 1991 als Mittelmotor-Testfahrzeug für die Entwicklung des ABC-Fahrwerks (Active Body Control). Getestet werden auch verstellbare Front- und Heckspoiler, die später im SLR McLaren als Luftbremse genutzt werden.

„Kult“ ist ein großes Wort – aber Hand auf die Kurbelwelle: Autos haben durchaus das Zeug zum Kult. Ok, vielleicht nicht jedes – das liegt wie so oft im Kultverständnis jedes Einzelnen. Und da ich nicht alle Fans von Kultautos fragen konnte, welche Modelle in einem Buch wie diesem vorkommen sollten, habe ich eine persönliche Auswahl zusammengestellt. Und hoffe, dass ich mit den beschriebenen Autos viele Gleichgesinnte zufriedenstellen, Erinnerungen wecken, zu Diskussionen anregen oder einfach nur den einen oder anderen zum Schwelgen bringen kann.

Aktuelles Thema: Bereits zu Beginn der 1990er macht sich Opel Gedanken über Kunststoff-Recycling.

Abgesehen vom „Kult“ ist es gar nicht so einfach, zu definieren, was eigentlich ein „Auto der 90er“ ist. Wenn man bedenkt, dass ein neues Auto mindestens vier Jahre für seine Entwicklung brauchte – ist dann ein Modell, dessen Werdegang Mitte der 1980er Jahre begann, ein 90er-Jahre-Auto? Da man irgendwo eine Grenze setzen muss, habe ich beschlossen, in dieses Buch nur Autos aufzunehmen, die ein Messe-Debüt spätestens um 1989 oder einen Produktionsbeginn ab 1990 aufweisen können. Am anderen Ende sind Autos berücksichtigt, die spätestens bis 1999 gebaut wurden. Bei einigen wenigen Ausnahmen erkläre ich im Text, warum die betroffenen Modelle im Buch trotzdem auftauchen. Bei Modellen, die bereits in mehreren Generationen auf die Straße kamen, sind die bedeutenden Weiterentwicklungen (z.B. Golf IV) selbstverständlich berücksichtigt. Bei baugleichen Autos zweier oder mehrerer verschiedener Marken (zum Beispiel VW Sharan, Seat Alhambra und Ford Galaxy) ist nur ein Modell beschrieben – es sei denn, es handelt sich um einen frechen Versuch der Wiederbelebung (wie beim Daewoo Nexia in Sachen Opel Kadett) oder Ähnliches. Aus bestimmten Modellreihen habe ich nur das Spitzenmodell herausgepickt wie beim Audi RS4 Avant oder dem Subaru Impreza WRX STI, aber oft ist auch die gesamte Modellreihe berücksichtigt.

Wer Modelle vermisst: Bitte nicht schimpfen. Ein Grund könnte sein: Sie sind einfach in Vergessenheit geraten. Wohl die Wenigsten erinnern sich zum Beispiel an einen Lancia Lybra, der einfach zu brav war, um Kult zu werden. Wer Proton 415 hört, denkt wahrscheinlich an atomare Bestandteile und nicht an ein Automodell, ein Toyota Paseo hat trotz Cabrio-Version so wenig Spuren hinterlassen wie ein Suzuki Baleno. Sie wurden kein Kult, sondern vergessen. Und das zu Recht. Jedenfalls meiner Meinung nach. Ein anderer Grund: Vielleicht hat das Modell schon in meinem Buch „Kultautos – Klassiker der 70er und 80er Jahre“ vom HEEL Verlag Eingang gefunden. So zum Beispiel der Mazda MX-3, mit Erscheinungsjahr 1989 deutlich ein Kind der 1980er Jahre ...

Und schließlich: Die Recherche der technischen Daten war nicht einfach, weil diverse Quellen besonders in Sachen Leistung und Gewicht unterschiedliche Einheiten zugrunde legen. So gibt es zum Beispiel SAE-PS für Amerikaner, bhp für britische Autos und die uns bekannten PS für europäische Fahrzeuge. In Sachen Kilogramm gibt es Angaben in Trockengewicht, Leergewicht, ECE-Gewicht, Gewicht vollgetankt und mit einem Fahrer und so weiter. Ich habe mich bemüht, mit europäischen PS und Leergewicht zu arbeiten. Sollten die Daten, die Sie kennen, und diejenigen im Buch nicht deckungsgleich sein, könnte das ein Grund sein.

Und jetzt: Viel Spaß beim Eintauchen in die Autowelt der 1990er Jahre. Übrigens: Mein eigenes Alltagsfahrzeug ist ebenfalls ein echtes Produkt der 90er – der Motor des Volvo V70 der ersten Serie ist mit rund 350.000 Kilometern noch knochentrocken und gerade erst eingefahren ...

Hamburg/Königswinter, Frühjahr 2024
Roland Löwisch

# Einleitung

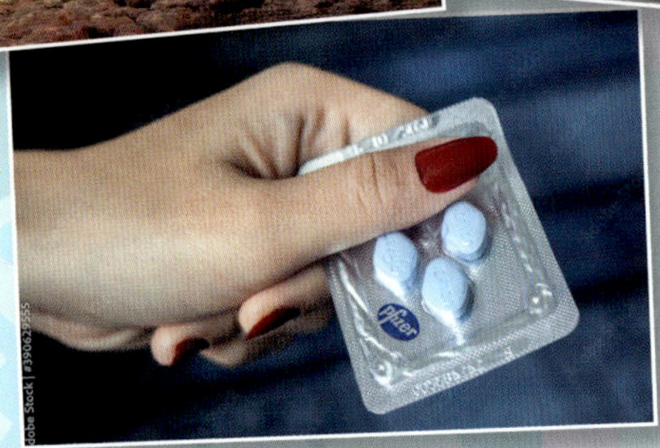

*Dummdududummdududummdududumm* – zumindest musikalisch war das der „Reiterbeat" der Neunziger. „Eurodance" nannte sich das Sub-Genre von Hip-Hop – für einige von uns stand es für ein befreiendes Lebensgefühl, andere hörten daraus gerade mal mittelmäßigen Kinder-Pop. Überhaupt gibt es gar nicht so wenige Menschen, die die 90er als „Sammelbecken des schlechten Geschmacks" bezeichnen. Doch das war nur eine Facette des auslaufenden 20. Jahrhunderts.

## I got the Power: Die 1990er Jahre

Denn ein gewisser Harry Potter dominierte die Fantasie-Welt und faszinierte Jung und Alt. Apropos alt: Viagra beherrschte die Schlafzimmer und sorgte dort bei vielen Männern für zurückkehrenden Spaß. Die Sowjetunion zerfiel, was nur russischen Betonköpfen missfiel, und damit endete auch der Kalte Krieg. Ein anderer im ehemaligen Jugoslawien wurde heiß, ebenso stürzte der Überfall des Irak auf Kuweit und das folgende Eingreifen der USA eine riesige Region ins Chaos.

Friedlich dagegen verlief die Digitale Revolution. Die Frisuren von David Beckham wurden diskutiert, Poetry-Slam und Tattoos wurden gesellschaftsfähig, die Baggy-Pants läuten eine neue „Mode" ein. Rollschuhe gerieten ins Abseits, Inline-Skates nahmen ihren Platz ein. Der Überraschungseierhype bringt sogar Bücher über die Plastikspielzeige heraus, Ibiza wird zur Party-Insel.

Bei uns mühte sich *Der Grüne Punkt*, Kanzler Kohl musste nach 16 Jahren die Geschäfte an einen gewissen Schröder abgeben. 1990 wurden die Deutschen zum dritten Mal Fußballweltmeister und Henry Maske sorgte für einen Box-Boom. Die neuen Privatsender brachten Komik und Chaos, Stand-Up-Comedy und Brüll-Sendungen, Seelenstriptease und Sexgespräche ins TV. Die Diddl-Maus, die Tiger-Ente und das Tamagotchi beschäftigen alle, die sonst nichts zu tun hatten, aber alle freuten wir uns über das Brettspiel „Die Siedler von Catan", das Mitte des Jahrzehnts in die Wohnzimmer einzog. Weit wichtiger allerdings: Die DDR wurde Geschichte.

Ganz Deutschland im Schumi-Fieber: Der Kerpener Michael Schumacher gewann im Benetton B194 seine erste Formel-1-Weltmeisterschaft und sorgte für Rekordzuschauerzahlen.

Und in Sachen Auto? Anfang der 1990er war ein „SUV" noch ein falsch geschriebener Vollrausch, automobile Massenware schwappte aus Japan nach Europa, direkteinspritzende Diesel wurden populär. Anfang der 90er waren bei uns 31 Millionen Autos registriert, Normalbenzin kostete im Schnitt 1,32 Mark je Liter. Die deutsche Automobilwirtschaft betrieb Werke in 52 Ländern. 1992 betrug die Autobahnlänge fast 11.000 Kilometer, ein gewisser Michael Schumacher gewann sein erstes Formel-1-Rennen und wurde 1994 erstmals Weltmeister in der Königsklasse des Motorsports, in Mexiko krabbelte der 23-millionste Käfer vom Band.

Für viele Taxifahrer der „letzte echte Benz": Der W 124 löste als „mittlere Baureihe" den populären Dauerläufer W 123 ab.

1994 übernahm BMW die englische Traditionsmarke Rover, der Eurotunnel wurde eröffnet, Ford verleibte sich Aston Martin ein, und die deutschen Taxis transportierten rund 445 Millionen Personen. Ein Jahr später konnte bei Mercedes ein Regensensor geordert werden, BMW brachte als erster Hersteller den Erdgasantrieb in

380 PS und V12: Der Nazca C2 Spider entstand in den Design-Studios von Giugiaro als Nachfolger des legendären M1.

Serie und Japan wurde die zweitgrößte Automobilnation der Welt mit mehr als zehn Millionen Kraftfahrzeugen. In China dagegen kamen auf 1000 Einwohner gerade mal 1,5 Pkw. 1996 wurden rund 110.000 Autos in Deutschland gestohlen, die Ermittlungen gegen den zu VW gewechselten Opel-Chefeinkäufer und Kostendrücker José Ignacio López erregten die Gemüter. Auf der AAA (Avus Automobile Akzente) in Berlin zeigen die Ingolstädter Mitte September 1996 den Audi duo III: Auf Basis des A4 (B5) mit 90-PS-TDI und 29-PS-Elektromotor entstand das erste Hybridauto Europas in Kleinserie. Ab 1997 gab es in Deutschland die Saison- und Oldtimerkennzeichen, Mercedes erlebte sein Desaster mit der umkippenden A-Klasse, und ein Designer erfand den Wackel-Dackel. Ein BMW war erstmals mit einem sequenziellen Getriebe ausgerüstet. Österreich nervte als erstes EU-Land mit der Einführung der Autobahnvignette. In den USA raste Andy Green mit einer Rakete auf Rädern namens Thrust SSC als erster Mensch mehr als 700 Meilen pro Stunde, also 1153 km/h, und GM brachte mit dem EV1 das erste serienmäßige Elektroauto der Neuzeit heraus. Mehr als 1100 Stück wurden gebaut und verleast, allerdings sammelte GM sie später wieder ein, um sie zu verschrotten. 1998 gab es rund 600 Fusionen und Übernahmen im Autobereich (unter anderem teilten sich BMW und VW Rolls-Royce und Bentley), Audi kaufte Lamborghini, Daimler und Chrysler schlossen eine „Hochzeit im Himmel“, und US-Comedian Jerry Seinfeld kaufte den letzten luftgekühlten Porsche 911. 1999 schließlich registrierte das Kraftfahrtbundesamt in Deutschland 11,8 Millionen Auto-Besitzerinnen, auf der Erde rollten allerdings eine halbe Milliarde Automobile. In Hamburg eröffnete die erste

Erstes europäisches Serien-Hybridfahrzeug: Als Basis für den Audi duo diente der A4 Avant, angetrieben von einem 1,9-Liter-TDI (90 PS) und einem Elektromotor (29 PS).

Born in the USA: Als Reaktion auf die in Kalifornien verschärften Umweltgesetzte brachte General Motors den EV1. Das in Serie gebaute Elektroauto konnte zwischen 1996 und 1999 ausschließlich geleast werden. Alle Exemplare wurden 2002 verschrottet.

Weltkonzern in Erklärungsnot: Nach dem PR-Desaster rund um die A-Klasse und dem nicht bestandenen Elchtest, startete Mercedes eine Rückrufaktion zur Nachrüstung mit verbesserten Fahrwerkskomponenten samt ESP (Elektronische Stabilitätsprogramm).

Wasserstofftankstelle Deutschlands und Renault übernahm Nissan und kaufte auch noch Dacia. Und die 90er brachten ein paar kraftvolle Wahnsinnsautos hervor, die leider nie in Serie gebaut wurden – zum Beispiel der Yamaha OX99-11, ein straßentaugliches Rennauto mit V12 und 400 PS oder der Nazca C2 Spider mit 380 PS starkem V12, der Vorschlag Giugiaros für den Nachfolger des BMW M1, der aber den Kürzeren zog ... möglicherweise aufgrund des McLaren F1.

Wie dem auch sei: Aus den immer besser werdenden Musikanlagen in den Autos hämmerte auch noch am Ende des Jahrzehnts der Hit „I got the power“ von Snap, der den Eurodance einst einleitete. *Dummdududummdudududummdududumm.* Wer dachte da schon über Kult nach ...

Liebesgrüße aus Rumänien: Der Dacia Nova von 1995 – hier im Bild der 72 PS starke 16 GTi – entstand in Kooperation mit Peugeot und basierte auf dem 309.

## Alfa Romeo Spider/GTV (Tipo 916)

**Technische Daten**

**Bauzeit:**
1994-2005

**Motorbauart:**
Vierzylinder, V6, V6-Turbo

**Hubraum (cm³):**
1969-3179

**Leistung (PS):**
144-240

**Vmax (km/h):**
205-255

Der Ur-Spider war 30 Jahre lang im Programm – es wurde wirklich Zeit für eine neue Form des italienischen Offenfahrens. Und so entstand auch fast etwas Revolutionäres: Alfa ließ die fünfte Generation kräftig wachsen, was vor allem den beiden Insassen zugutekam. Erstmals wurden bei einem Alfa Spider die Vorderräder angetrieben. Auch die äußere Form war neu, ebenso die aufwändige Mehrlenker-Hinterachse. Die Folge war ein recht weiches Fahrwerk, das harte Alfisti nicht wirklich überzeugte. Alle anderen nahmen den neuen Spider aber endlich in ihre Roadster- und Cabrioüberlegungen auf (parallel bot Alfa das Coupé namens GTV an). Der Kunde hatte die Wahl zwischen 155, 192 und 202 PS (nur das Coupé erhielt schließlich einen Dreiliter-24V-V6 mit 220 PS, ab 2003 sogar 240 PS), einigen Motoren wurde Doppelzündung spendiert. 1995 kostete bei uns der kleine offene Sportler, der viel gemein hatte mit dem Fiat Tipo, dem Lancia Delta und dem Alfa Romeo 145, 46.000 Mark. Der Spider bekam danach übrigens noch eine sechste Generation spendiert, aber 2010 war Schluss mit italienischer Grandezza. Das Coupé GTV dagegen wurde nur bis 2005 verkauft – die Absatzzahlen entsprachen nicht den Erwartungen.

## Alfa Romeo 145/146

Das waren noch Zeiten, als Alfa noch Alfa waren. Naja, fast jedenfalls: Der 145 und sein fünftüriges Pendant 146 (ab 1995) basierten, wie so viele Autos des Fiat-Konzerns, auf dem Fiat Tipo - und trotzdem galt der Nachfolger des 33 noch als echter Alfa. Daran waren nicht zuletzt die Motoren schuld, vor allem der Boxer. Als Basismotor war ein Vierzylinder-Boxer mit 90 PS im Programm, Top-Motor war der Twin Spark (Doppelzündung), der zunächst mit 150 PS kam und ab 1998 auf 155 PS erstarkte. Die Variante „Quadrifoglio Verde" besaß die berühmten Zeichen des vierblättrigen Kleeblattes, dazu Leichtmetallräder, Lederlenkrad mit roten Nähten und ein festes Sportfahrwerk. Auch Selbstzünder konnte man bekommen mit 90 oder 105 PS. 1996 wurden im Zuge einer Modellpflege die Boxermotoren eingemottet, weil sie unter anderem zu viel Sprit verbrauchten. Als Ersatz kamen Vierzylinder mit Doppelzündung zum Einsatz.

**Technische Daten**

**Bauzeit:** 1994-2001

**Motorbauart** Vierzylinder, Vierzylinder-Boxer, Vierzylinder-Turbodiesel

**Hubraum (cm³)** 1351-1970

**Leistung (PS):** 90-155

**Vmax (km/h):** 178-211

**Technische Daten**

**Bauzeit:** 1997-2005

**Motorbauart:** Vierzylinder, V6, Vierzylinder-Turbodiesel

**Hubraum (cm³):** 1598-2492

**Leistung (PS):** 105-190

**Vmax (km/h):** 188-230

## Alfa Romeo 156

„Alfa siegt - nun heulen die Gölfe" titelte der Stern im November 1997 seine Geschichte über das „Auto des Jahres 1998", den Alfa Romeo 156. Auszug aus der Story: „Mit mattschwarz lackierten Vorserienfahrzeugen preschten die Tester durch den kilometerlangen Handling-Parcours, standen fachsimpelnd um ein babyblaues Exemplar herum und begutachteten jeden Knopf, jede Schraube, jedes Scharnier. Tenor: ein gelungenes Stück italienischer Autokunst, wenn auch nicht perfekt." Immerhin gewann der Alfa mit Abstand vor dem VW Golf. Die Verarbeitung war wahrlich nicht genial, aber unter anderem Motor, Lenkung, Sitze und Preis (35.000 Mark für den Einstiegs-156 mit 120 PS) kamen gut an. Stärkster 156er in den 90er Jahren war ein 2.5 V6 16V mit 190 PS, auch Dieselvarianten standen in der Bestellliste (bis Ende der 90er 105 PS bis 136 PS). Nur zur Komplettierung: Nach 2000 wurde noch ein 2.5 V6 24 V mit 192 PS gelauncht, ab 2002 gab es einen 3.2 V6 GTA mit satten 250 PS. Aber das hatte letztlich mit den 90ern nicht mehr viel zu tun ...

## Alpina B12 5.0/5.7 Coupé

**Technische Daten**

**Bauzeit:**
1990-2001

**Motorbauart**
V12

**Hubraum (cm³)**
4988-5980

**Leistung (PS):**
350-430

**Vmax (km/h):**
281-300

Alpina ist seit 1978 selbstständiger Autohersteller, nimmt aber stets vorhandene BMW als Basis. So auch beim B12 5.0 und 5.7 - „B12" war die Alpina-eigene Bezeichnung für Oberklassemodelle mit V12, in diesem Fall angewendet auf das BMW-Coupé 850. Beim 5.0 optimierte Alpina den Motor so, dass 350 PS und 470 Nm zur Verfügung standen. Von einem limitierten Top-Tempo hielt Alpina zum Glück nichts, hob also die von den deutschen Top-Limousinen-Herstellern freiwillig eingegangene 250-km/h-Sperre auf und ließ den bearbeiteten 850er 281 km/h rennen. 1992 folgte der 5.7, der aus den 381 PS des BMW 850 CSi 416 PS machte aufgrund der Hubraumerweiterung auf 5646 Kubik. Jetzt waren mehr als 300 km/h möglich. Bis Ende 1996 verkaufte Alpina insgesamt 59 Exemplare des B12 5,7 an Fans. Preis pro Stück: 268.500 Mark, also knapp 90.000 Mark Aufpreis für Optimierungen aus Buchloe. Der Hersteller toppte Ende der 1990er Jahre sein Kraftpaket noch und brachte mit dem B12 6.0 die weltweit leistungsstärkste in Serie produzierte Limousine: 430 PS, 5980-Kubik-V12, 0-100 km/h in 5,9 Sekunden. Es blieb allerdings bei einer Kleinserie mit 94 Stück.

## Alpine A610 Turbo

Die eigenständige Firma Alpine existierte nur bis 1978 – dann wurde sie von Renault komplett geschluckt. Trotzdem kam 1991 noch ein Auto unter diesem Markennamen heraus, der A610 Turbo. Der war stark und schnell, aber leider auch recht schwer und teuer. Vielleicht entstanden deswegen nur 818 Stück. Im Vergleich zum Vorgänger wurde das aus einem Zentralrohrrahmen bestehende Chassis verstärkt, das Design der Kunststoffkarosserie geändert und die Spurtreue verbessert. Den Dreiliter-V6 im Alpine A610 hatten Volvo, Peugeot und Citroën zusammen entwickelt. Er war auf 2975 Kubik aufgebohrt, die Zylinderköpfe waren bearbeitet, und ein Garrett-Abgasturbolader gab Feuer, so dass der Fahrer dank 250 PS mit 265 km/h über die Autobahn rasen und nach der Ampel (natürlich nur auf der Landstraße) in 6,2 Sekunden auf 100 km/h stürmen konnte. Nach dem A610 Turbo war es lange still um die Marke Alpine, die von Mutter Renault erst seit 2014 wieder mit Leben gefüllt wird.

**Technische Daten**

**Bauzeit:**
1991-1995

**Motorbauart:**
V6-Turbo

**Hubraum (cm³):**
2975

**Leistung (PS):**
250

**Vmax (km/h):**
265

## Aston Martin DB7

**Technische Daten**

**Bauzeit:** 1994-2003

**Motorbauart** Reihensechszylinder-Kompressor, V12

**Hubraum ($cm^3$)** 3239-5935

**Leistung (PS):** 340-441

**Vmax (km/h):** 258-298

Der DB7 von Aston Martin ist mindestens aus zwei Gründen heute Kult. Erstens: Er rettete die Firma - von 1994 bis 2007 komplett in Ford-Besitz - vor dem (damals mal wieder) drohenden Untergang. Zweitens: Mit dem DB7 wurden die Initialen des langjährigen Firmenchefs David Brown wieder ausgegraben, seitdem und bis heute gibt es DB-Modelle. Dabei war der DB7 eigentlich ein Zwitter: ganz viel Jaguar und ein bisschen Aston Martin. Damals wollte Ford einen Einstiegs-Aston unterhalb der V8-Modelle anbieten, so kam man auf den Jaguar XK8 als Basis (Jaguar gehörte seit 1989 ebenfalls Ford, ist aktuell Teil der indischen Tata-Gruppe). Sogar optisch war eine Verwandtschaft erkennbar. Unter der Haube aber musste der Aston mit einem Reihensechszylinder samt Kompressor auskommen, Bruder XK8 fuhr mit imageträchtigerem V8. Aber nicht lange, denn der DB7 fand schnell Freunde. Ab 1999 steckte als Top-Motor ein 441 PS starker V12 unter der langen Fronthaube, womit der DB7 fast die 300-km/h-Marke knackte. So gerüstet hieß das Auto DB7 Vantage. Mit rund 7000 verkauften Coupés und Cabriolets war der DB7 lange Zeit der erfolgreichste Aston Martin überhaupt.

## Audi RS2

**Technische Daten**

**Bauzeit:** 1994-1996

**Motorbauart** Fünfzylinder-Turbo

**Hubraum ($cm^3$)** 2226

**Leistung (PS):** 315

**Vmax (km/h):** 262

Wäre ein Audi-Mitarbeiter Mitte der 1990er Jahre gefragt worden, welches Auto er gerne haben würde, hätte er wahrscheinlich „P1" geantwortet. Das war das werksinterne Kürzel für den Audi Avant RS2 – das „P" stand allerdings für Porsche. Denn Audis erster echter Sport-Kombi entstand in Zusammenarbeit mit den Zuffenhausenern. Kein Wunder, dass er begehrt war: Bei seinem Erscheinen war der RS2 der stärkste und schnellste je gebaute Serien-Audi, und er blieb es sogar bis zum Auftreten des Audi S6 Plus im Jahr 1996. 315 PS und ein Top-Tempo von 262 km/h waren schon mal gute Argumente, ein lifestyliges Kombiabteil erst recht. Und dann kam ja noch der Allradantrieb dazu – der RS2 hatte schlicht keine Gegner. 2200 Stück waren geplant, knapp 2900 sollten es werden. Der beste Autofahrer aller Zeiten, Walter Röhrl, sagte damals: „Ich sehe in der heutigen Zeit einen der größten Vorteile dieses Modells darin, dass es mehr wie ein normales Familienauto ausschaut, jedoch die Fahrleistungen eines reinrassigen Sportwagens bietet. Der RS2 ist eine echte Sportwagenalternative mit viel Platz für Personen und Gepäck. Motorleistung, Fahrverhalten, Bremse – das ist ein homogenes Ganzes, da passt alles zusammen."

## Audi A2

Das erste Serien-Auto mit Aluminium-Karosserie kam 1999 auf den Markt - was mindestens zehn Jahre zu früh war, denn er wurde kein Erfolg, obwohl er klug durchdacht war. Quermotor, Fünfganggetriebe, Frontantrieb, vier oder fünf Sitze - eigentlich das ideale Stadtauto, wobei das eiförmige Design gewöhnungsbedürftig war. Zwei Motoren stellten sich anfangs der Kundenwahl: Ein Benziner mit 75 PS und ein gleichstarker Dreizylinder-Turbodiesel. 2001 gab es weitere Motoren, die hier aber keine Rolle spielen sollen. Sogar einen Brennstoffzellen-Prototyp gab es 2004. Just to know: Der A2 sollte von 2003 bis 2008 die ADAC-Pannenstatistik positiv anführen, auch die TÜV-Statistik war überzeugt von dem Konzept. Noch heute sind viele A2 auf der Straße, Aluminium sei Dank. Und das Auto wirkt auch jetzt noch absolut zeitgeistig und modern. Vielleicht kam es also auch 20 Jahre zu früh auf den Markt ...

**Technische Daten**

**Bauzeit:**
1990-2005

**Motorbauart**
Vierzylinder, Dreizylinder-Turbodiesel

**Hubraum (cm³)**
1390, 1422

**Leistung (PS):**
75

**Vmax (km/h):**
173

## Audi Cabrio

**Technische Daten**

**Bauzeit:**
1991-2000

**Motorbauart:**
Vierzylinder, Fünfzylinder, V6, Vierzylinder-Turbodiesel

**Hubraum (cm³):**
1781-2771

**Leistung (PS):**
90-174

**Vmax (km/h):**
175-218

Das Audi Cabriolet debütierte 1991 auf dem Genfer Salon, war aber zunächst nur mit 2.3-Liter-Fünfzylinder und 133 PS zu haben, ab 1992 auch mit 2.8-Liter-V6 und ab 1997 zusätzlich mit einem 1.8-Liter-Vierzylinder. Der Viersitzer basierte auf dem Audi Coupé (Typ 89) und genoss vor allem deshalb Beachtung, weil es das erste Cabriolet mit der Option „Dieselmotor" war, welches ab 1995 käuflich war. Der 1,9-Liter-Turbodiesel sorgte für 90 PS - kein Ausbund an Potenz, aber sparsam. Kunden konnten wählen zwischen einer Vierstufenautomatik und einem Fünfgang-Handschalter. Sogar Allradantrieb war angedacht, den erlebte der Wagen jedoch nicht mehr. Nachfolger wurde das Audi A4 Cabrio.

## Audi TT

Der erste Audi TT war ein echter Knaller - aber überforderte den einen oder anderen Fahrer. Der kleine 2+2-Sportler (TT = „Tourist Trophy“ in Anlehnung an das Motorradrennen auf der Isle of Man) kam 1998 als Coupé, ein Jahr später folgte der Roadster. Anfangs gab es nur zwei Kraftvarianten zur Auswahl: 180 und 224 PS, beide erzeugt von einem 1.8-Liter-Vierzylinder-Turbo. Die Kraft, das Sportfahrwerk und das abgerundete Heck sorgten allerdings für einen sehr schmalen Grenzbereich. Ohne Abrisskante hinten flogen einige der Besitzer mit ihren Autos aus der Kurve, was nicht immer glimpflich vonstattenging. Selbst Rallye-Gott Walter Röhrl warnte: „Nicht schlecht, aber für einen normalen Menschen zu gefährlich.“ Und: „Wenn Du dem bei 200 das Gas wegnimmst, fährt der rückwärts.“ Flugs bot Audi den Anbau eines kleinen Heckspoilers an, der den Abtrieb auf der Hinterachse erhöhen sollte. Zunächst hieß es, das lebensrettende ESP könnte nicht nachgerüstet werden, auf Druck der Öffentlichkeit klappte es dann aber doch - mit einer Selbstbeteiligung der Eigner von 650 Mark. Danach wurde ESP ab Werk mitgeliefert. Damit war der TT, was er sein sollte: wendig, direkt, stark. Das Modell erfuhr noch diverse Upgrades, bevor Audi 2019 verkündete, dass im Rahmen der Markenneuausrichtung kein Nachfolger mehr entwickelt werden würde.

**Technische Daten**

**Bauzeit:**
1998-2006

**Motorbauart**
Vierzylinder-Turbo

**Hubraum (cm³)**
1781

**Leistung (PS):**
180-224

**Vmax (km/h):**
223-243

## Audi RS4 Avant

**Technische Daten**

**Bauzeit:** 1999-2001

**Motorbauart:** V6-Biturbo

**Hubraum (cm³):** 2671

**Leistung (PS):** 380

**Vmax (km/h):** 250

Sowohl Vorstand als auch Kunden befanden: Aus der 1997 erstmals gezeigten Sportvariante des A4 namens S4, 265 PS stark, könnte man bestimmt noch mehr machen. Und richtig: 1999 kam der Audi RS4 heraus, und zwar nur als Kombivariante und als Nachfolger des RS2. Schnell machte sich der Hammer einen Namen als Sportwagen für sportwagenaffine Familienväter. Cosworth bearbeitete den 2,7-Liter-V6, indem die englischen Tuningspezialisten zwei größere Turbolader, zwei Intercooler, Leichtmetall-Zylinderköpfe und eine vierfach gelagerte Kurbelwelle spendierten. Hinzu kam ein Fahrwerk mit doppelten Querlenkern vorne und hinten und permanenter Allradantrieb. Das ermöglichte einen Sprint von 4,9 Sekunden von 0 auf 100 km/h, und das bei einem Fahrzeuggewicht von rund 1,5 Tonnen - Papis, was wolltet ihr mehr? Billig war der Power-Break allerdings nicht: 127.000 Mark. Das tat dem Erfolg aber keinen Abbruch: 3000 Stück waren angedacht, mehr als 6000 wurden es. Und es folgten weitere Generationen.

## Bentley Continental R/Azure, S, T

Bentley-Fans waren geflasht: 1991 kam der erste Bentley seit dem R-Type, der nicht baugleich war mit einem Rolls-Royce - eine Art Befreiung von der übermächtigen Schwester. Da kam es gerade recht, dass das Auto - zunächst als Continental R - zum schnellsten, stärksten und teuersten Bentley überhaupt geriet. Der Continental R kostete 1995 mehr als 500.000 Mark, die 1995 nachgeschobene Cabrio-Variante Azure sogar gut 510.000 Mark. R und Azure besaßen einen 360 PS starken V8 unter der Haube, der S wurde von 408 PS befeuert und der T trat mit überzeugenden 420 PS auf. 875 Newtonmeter maximales Drehmoment ließen keine Zweifel zu: Entspannter Gas geben ging wohl sonst nirgendwo. Die großen Coupés durften bis 2002 überleben, der Azure wurde 2003 eingestellt.

**Technische Daten**

**Bauzeit:** 1991-2003

**Motorbauart** V8-Turbo

**Hubraum (cm³)** 6750

**Leistung (PS):** 360-420

**Vmax (km/h):** 245-280

**Technische Daten**

**Bauzeit:**
1999-2001

**Motorbauart:**
V8-Turbo

**Hubraum (cm³):**
4398

**Leistung (PS):**
354

**Vmax (km/h):**
240

## Bentley Arnage

Der Arnage wurde 1998 eingeführt, als Bentley noch gemeinsam mit Rolls-Royce Motor Cars zum Vickers-Konzern gehörte. Kurz darauf übernahm Volkswagen die Bentley- und Rolls-Royce-Werke. Die Rechte zur Nutzung der Marke „Rolls-Royce“ lagen jedoch nicht bei Vickers, sondern beim Triebwerkshersteller Rolls-Royce plc., welcher die Nutzungsrechte für Automobile an BMW vergab. Daher konnte Volkswagen nur noch für begrenzte Zeit den Markennamen nutzen. Der Arnage war nach dem gleichnamigen Ort am Circuit de la Sarthe benannt. 354 PS aus einem V8 trieben ihn artgerecht an. Mit 240 km/h war man standesgemäß unterwegs, und ein Gewicht von 2,3 Tonnen schob auch gleich alles Störende beiseite. Das Schwestermodell Rolls-Royce Silver Seraph wurde übrigens nach der Übernahme von Rolls-Royce durch BMW im Jahr 2002 zugunsten des Rolls-Royce Phantom eingestellt. Ende 2001 erfolgte die Produktionseinstellung des „Arnage Green Label“ mangels Nachfrage und aufgrund der Übernahme durch VW.

## BMW 3er (E36)

**Technische Daten**

**Bauzeit:**
1990-2000

**Motorbauart:**
Vierzylinder,
Reihensechszylinder

**Hubraum (cm³):**
1596-2793

**Leistung (PS):**
90-193

**Vmax (km/h):**
198-233

Mit dem E36 erneuerte BMW die wichtige Dreier-Reihe ab 1990. Wie gehabt gab es das Auto mit der gängigen Palette der üblichen Motoren. Den günstigsten Einstieg markierte der 316i, der erst 1991 kam, mit 100 PS aus 1,6 Litern Hubraum. Es folgten der mit mehr als 420.000 verkauften Exemplaren erfolgreichste E36, der 318i, dann noch der 318iS, 320i, 325i sowie die Dieselmodelle 318tds (ab 1994), 325td (ab 1993). Die Nachfolger 323i und 328i standen ab 1994 bei den Händlern und Niederlassungen. Das stärkste Modell war erst ab 49.000 Mark zu haben. Mehr als 1,5 Millionen Limousinen konnte BMW letztlich vom E36 an die Kunden verkaufen. Coupé und Cabrio kamen 1991, die Kombivariante touring 1994. Insgesamt mit allen Karosserievarianten wurden es mehr als 2,3 Millionen Exemplare.

## BMW M3 (E36)

Die neue Generation des M3 kam eher dezent daher – er besaß keine deutlichen Spoiler mehr. 80.000 Mark mussten jetzt dafür hingeblättert werden. Allerdings war er jederzeit am Sound zu erkennen: Der Dreiliter-Sechszylinder-Vierventiler sorgte für zunächst 286 PS und 320 Nm. Es handelte sich um den ersten BMW-Motor mit der so genannten VANOS-Steuerung, ein stufenlos verstellbares System zur Spreizung der Einlass-Nockenwellen. Dieses M-System steigerte das Drehmoment im unteren und mittleren Drehzahlbereich. Gleichfalls einmalig: die erste von BMW selbst entwickelte Motorsteuerung. Die Rechenleistung betrug 20 Millionen Befehle pro Sekunde. Von Anfang an war der M3 diesmal nicht nur als Limousine geplant, sondern auch als Cabrio. In Kleinserie wurde der M3 flankiert von einem M3 GT mit 295 PS. 1995 schärfte BMW den M3: Der Motor wuchs auf 3,2 Liter, die Leistung stieg auf 321 PS – das waren mehr als 100 PS pro Liter Hubraum. Serienmäßig war nun ein Sechsganggetriebe eingebaut, aber als Novum auf dem weltweiten Markt war gegen Aufpreis das sequenzielle M-Getriebe (SMG) bestellbar. Es basierte auf dem herkömmlichen Getriebe, war aber mit elektro-hydraulischer Kupplung ausgestattet. Das bedeutete: Der M3-Fahrer brauchte kein Kupplungspedal mehr, er schaltete nur durch Ziehen und Drücken am Schalthebel auf einer Ebene. Zunächst regierte Skepsis, dann wollten es viele haben: Zum Ende der Produktionszeit des E36-M3 im Jahr 1999 war nahezu jeder zweite M3 mit dem SMG-Getriebe ausgestattet. Bis 1999 setzte BMW mehr als 70.000 M3 ab.

**Technische Daten**

**Bauzeit:**
1992-1999

**Motorbauart**
Reihensechszylinder

**Hubraum (cm³)**
2990, 3201

**Leistung (PS):**
286-321

**Vmax (km/h):**
250

## BMW 3er Cabrio (E36)

**Technische Daten**

**Bauzeit:**
1993-1999

**Motorbauart:**
Vierzylinder,
Reihensechszylinder

**Hubraum (cm³):**
1796-2793

**Leistung (PS):**
115-193

**Vmax (km/h):**
194 - 229

Wohl kein anderer Hersteller bot (und bietet) so konsequent viersitzige Cabriolets an wie BMW. 1993 kam der offene Dreier der Baureihe E36, und schon hier sei verraten: Mit rund 200.000 verkauften Exemplaren bis 1999 war auch das wieder ein Erfolg. Unter der Haube arbeiteten die wunderbaren Reihensechszylinder, aber auch der Vierzylinder im 318i fand seine Freunde. Der 1.8-Liter-Motor bot 115 PS an und hatte damit keine Mühe mit dem 1355 Kilo leichten Viersitzer. Preis für das Einstiegs-Cabriolet 1994: 53.500 Mark. Man konnte aber auch bis zu 193 PS haben - und damit das Haupthaar der Angebeteten kräftig durcheinanderwirbeln ...

## BMW 316i compact (E36)

**Technische Daten**

**Bauzeit:**
1994-2000

**Motorbauart:**
Vierzylinder

**Hubraum (cm³):**
1596 (ab 1999: 1895)

**Leistung (PS):**
102 (ab 1999: 105)

**Vmax (km/h):**
188 (ab 1999: 190)

Der VW Golf eroberte die Welt - Mitte der 90er Jahre wollte BMW etwas dagegensetzen und versuchte es mit einem neuen Derivat der aktuellen Dreier-Reihe namens „compact“. Das Fahrwerk und das Interieur wurden für den Schrägheck-BMW direkt aus dem Dreier übernommen. Vier Motoren standen zur Wahl: Drei Vierzylinder in 316i compact, 318ti compact und als Diesel im 318 td compact, den einzigen Sechszylinder gab es im 323ti compact. Der 316i wurde das erfolgreichste Modell mit knapp 250.000 Stück bei Preisen ab 33.600 Mark. Das Top-Modell kostete 47.900 Mark. Insgesamt konnte BMW in der Bauzeit von 1994 bis zum Jahr 2000 fast 400.000 Stück des compact absetzen. Zwei von drei compact-Käufern waren BMW-Neukunden. 65 Prozent von ihnen wollten danach wieder einen BMW kaufen.

## BMW Z3 Coupé (E36/7)

Nicht jedem gefiel die Coupé-Version des Z3 Roadster, aber manche schworen auf den „Turnschuh", wie der kleine „Shooting Break" bald respektlos genannt wurde. Mit knapp 17.000 Exemplaren kam es bei weitem nicht an die Stückzahl des Roadsters heran (fast 270.000 Exemplare), aber es wurde trotzdem - oder deswegen - Kult. Außer der scharfen M-Version, die satte 325 PS anbot, wurde der überdachte Zweisitzer mit 2.8-Liter-Sechszylinder, später mit dem auf drei Liter aufgebohrtem Motor angeboten. Die Varianten waren auch mit Viergang-Automatik zu haben. Preis: ab 64.000 Mark.

**Technische Daten**

**Bauzeit:**
1998-2001

**Motorbauart**
Sechszylinder

**Hubraum (cm³)**
2793 -3201

**Leistung (PS):**
193-325

**Vmax (km/h):**
231-250

**Technische Daten**

**Bauzeit:**
1995–2000

**Motorbauart:**
Vierzylinder, Sechszylinder

**Hubraum (cm³):**
1796–3201

**Leistung (PS):**
115–321

**Vmax (km/h):**
205–240

## BMW Z3 Roadster (E36/7)

Der Erfolg des kleinen Roadsters Mazda MX-5 – in Amerika „Miata" genannt – rief endlich auch die deutschen Hersteller auf den Plan, wieder einen zweisitzigen offenen Sportwagen anzubieten. So brachte Mercedes den SLK und BMW den Z3. Der BMW lief im nagelneuen Werk in Spartanburg, USA, vom Band, dem ersten BMW-Werk in Amerika. Wie bei BMW üblich wurde der Zweisitzer in verschiedenen Varianten angeboten. Einstiegsmotor war der 116 PS starke Vierzylinder im Z3 1.8, es folgte der Z3 1.9 mit 140 PS. Die Sechszylindermodelle starteten beim Z3 2.0i bzw. 2.2i (zuerst 150, danach 170 PS) und gingen über Z3 2.5 mit 170 PS bis zum Z3 2.8i bzw. 3.0i mit 192, später 231 PS. So ausgerüstet musste der Kunde schon 61.300 Mark hinblättern. Top-Modelle waren die M-Ausführungen.

## BMW M5 (E39S)

1998 belohnte BMW die M-Treuen mit der dritten Generation des M5, vorgestellt auf dem Genfer Salon 1998 - erstmals nicht mehr bestückt mit dem beliebten Reihensechszylinder, sondern mit einem V8. Das Fünfliter-Triebwerk brachte 400 PS und 500 Newtonmeter auf die Kurbelwelle. Wie bei dem Fünfer üblich, gab sich die Limousine äußerlich dezent - bis auf die vier Auspuffendrohre. Eine nette Spielerei: Der rote Bereich des Drehzahlmessers änderte sich je nach der Wärme des Motors. Das sollte verhindern, dass jemand bei kaltem Motor schädliche hohe Drehzahlen abruft. Auch der „Sport-Knopf" im Cockpit war neu: In Standard-Einstellung reagierte der Motor auf Gasbefehle eher zurückhaltend, im „Sport"-Modus giftig und dynamisch. Insgesamt wurden in fünf Jahren rund 20.000 Stück gebaut und für mindestens 140.000 Mark pro Stück verkauft. Dabei baute die M GmbH erstmals nur noch die Motoren, das Auto an sich wurde bei BMW produziert.

**Technische Daten**

**Bauzeit:**
1998-2003

**Motorbauart:**
V8

**Hubraum (cm³):**
4941

**Leistung (PS):**
400

**Vmax (km/h):**
250

## BMW Z8 Roadster (E52)

Basierend auf dem 1997 auf der Tokio Motor Show vorgestellten Z07 Concept baute BMW tatsächlich den Z8 Roadster - ein Traumzweisitzer des auslaufenden Jahrtausends, der an den unvergessenen BMW 507 von 1956 erinnern sollte. Insgesamt wurden 5703 Stück auf die Räder gestellt. Er stammte aus den Federn der Designer Chris Bangle und Henrik Fisker. Die 400-PS-Maschine war dem BMW M5 entliehen, die Bremsen vom 750i. Durch die Verwendung von viel Aluminium sollte das letztlich doch recht mächtige Auto leichter werden, trotzdem war das Ergebnis mit mehr als 1,5 Tonnen recht schwer. Grund war die Luxusausstattung des Supercars. Trotzdem konnte der Wagen in 4,7 Sekunden von 0 auf 100 km/h beschleunigen. Der Preis von 235.000 Mark sorgte dafür, dass viele Exemplare in Sammlungen verschwanden - BMW brauchte für den handgebauten Z8 etwa zehnmal länger als für die Produktion eines Dreier-BMW. In Hollywood debütierte das Auto in den Händen von Pierce Brosnan alias James Bond in „Die Welt ist nicht genug".

**Technische Daten**

**Bauzeit:**
1999-2003

**Motorbauart:**
V8

**Hubraum (cm³):**
4941

**Leistung (PS):**
400

**Vmax (km/h):**
260

# Auto & Kunst: Automobile Art-Projekte der 90er

Zu Beginn stehen interessante Fragen: Wo endet Design? Wo beginnt Kunst? Ist Design bereits Kunst oder ist vielmehr Kunst manchmal auch Design? Auf diese Fragestellungen wird jeder Leser seine eigenen Antworten haben, aber schauen wir dazu erst einmal in ein Wörterbuch: Hier wird Design definiert als „die formgerechte und funktionale Gestaltgebung sowie die so erzielte Form eines Gebrauchsgegenstandes." Wie der bekannte US-amerikanische Designer und Architekt Charles Eames einmal sagte: „Design is a plan for arranging elements in such a way as best to accomplish a particular purpose." Etwas frei übersetzt bedeutet das so viel wie: Jede Art von Design ist dazu da, spezielle Probleme zu lösen. Der deutsche Industriedesigner Konstantin Grcic, einer der meist gefragten Designer unseres Zeitalters, definiert seine klare Trennlinie zwischen Kunst und Design so: „Designer arbeiten nicht so subjektiv. Sie arbeiten immer im Kontext der Industrie, die ganz konkrete Bedingungen und Anforderungen stellt. Die Kunst ist es, innerhalb der festgelegten Bedingungen Autor zu bleiben."

Kunst definiert sich hingegen als eine „schöpferische Tätigkeit des Menschen mit Tönen, Sprache oder verschiedenen Materialien."

Wenn wir jetzt mal Kunstprojekte mit Autos betrachten, kann man feststellen, dass Künstler die Fahrzeuge sehr gerne als eine Art 3-D-Leinwand nutzen, um ihre Ideen zu manifestieren. Und da kommt dann das Design ins Spiel, das maßgeblich Einfluss auf den jeweiligen Gestaltungsprozess hat. Ein gutes Beispiel ist der Porsche 356 SC von der US-amerikanischen Rock- und Bluessängerin Janis Joplin: Sie erstand das edle Cabrio für 3500 Dollar, weitere 500 Dollar bekam ihr Roadie Dave Richards für den Großeinkauf im Farbenladen, damit er die Geschichte des Universums in allen Regenbogenfarben auf den Flitzer pinseln konnte.

Nach insgesamt drei Umlackierungen, diversen Nachbesitzern, 20 drögen Jahren im Museum: Im Jahr 2016 wird der fahrende Rockstar für 1,76 Millionen Dollar bei Sotheby's versteigert.

Mitte der 1970er Jahre begründet BMW die bis heute fortgesetzte Tradition der Art Cars. Als Hervé Poulain die Idee bei den Münchenern präsentiert, erkennt Jochen Neerpasch – seines Zeichens Geschäftsführer der 1972 gegründeten M GmbH – das PR-Potenzial dieses Projekts, besonders für den US-Markt. Den Anfang macht 1975 ein von dem amerikanischen Bildhauer Alexander Calder im Auftrag von Poulain umgestalteter 3.0 CSL Turbo. BMW erweist sich als kunstsinniger Technikpartner und setzt das 780 PS starke Sammlerstück in Le Mans ein. In den folgenden Jahrzehnten werden weitere ausgesuchte Fahrzeuge von renommierten Künstlern veredelt.

Zu Beginn der Neunziger greift zunächst der japanische Künstler Matazo Kayama zum Pinsel und gestaltet einen 211-PS-Sechszlinder-535i unter dem Thema „Schnee, Mond und Kirschblüte". Zum Einsatz kommen Airbrush-Technik und typisch japanische Techniken wie „Kirigane" (aus vielen winzigen Stückchen Goldfolie bestehender japanischer Dekor) und „Arare" (Dekor von großen Hagelkörnern).

Art Car Nr. 9: „Mein Werk soll wie Schneekristalle aussehen", meint Matazo Kayama selbst zu seiner Inspiration.

Ebenfalls 1990 präsentiert der spanische Avantgardist César Manrique seinen Beitrag zum BMW Projekt „Kunst auf Rädern". Für das zehnte Art Car gestaltet er einen 7er, dessen bunte Farben und abstrakten Formen des Karosseriekleids Elemente der Natur symbolisieren: Das schwarze Element des Designs steht für das Lavagestein der kanarischen Insel Lanzarote, Grün für den Regenwald, Rot für das Leben.

Im Jahr 1991 widmet sich A. R. Penck, der Meister der Strichmännchen und erster deutscher BMW-Art-Car-Künstler, einem von 8000 gebauten BMW Z1. „Kunst auf Kunst, Kunst auf Technik, das hat mich interessiert – vor allem Kunst auf einem plastischen Objekt", erfährt das Publikum von dem Dresdner, dessen Inspirationen von Künstler-Heroen wie Picasso und Rembrandt als auch von frühen Künstlern wie den Höhlenmalern stammen.

Künstler Manrique fand sein Vorbild in der Natur der Insel Lanzarote. Die fließenden Formen auf dem BMW 730i repräsentieren den zügigen Transport seiner Insassen.

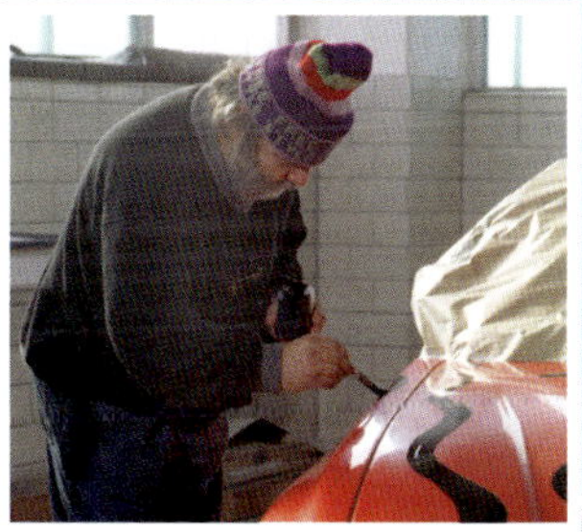

Teil des Reizes: A. R. Penck hat nie zu einer Dechiffrierung seiner verwendeten Zeichen auf dem Kunst-Sportwagen beigetragen. So bleibt jegliche Interpretation dem Betrachter vorbehalten ...

Im selben Jahr darf mit Esther Mahlangu erstmals eine Frau das Gesicht der Technik schminken: Die Südafrikanerin gestaltet einen 5er in Tradition der Ndebele-Kunst mit hellen Farben und klaren ornamentalen Formen. Diese uralte Kunst steht diametral gegen die hochmoderne Technik des 525i.

Reines Ausstellungsstück und Unikat: Wie die meisten seiner Vorgänger und auch Nachfolger ist auch der afrikanische Beitrag viel zu schade zum Fahren.

Spektakulär setzt der italienische Maler Sandro Chia im Jahr 1992 einen BMW M3 GTR (E36) in Szene. Chias Kommentar dazu: „Das Automobil ist ein begehrter Gegenstand in der Gesellschaft. Dadurch ist das Auto vielen Blicken ausgesetzt. Dieses Auto hier reflektiert diese Blicke".

Tatendrang: Der italienische Künstler Sandro Chia tritt selbst mit der Bitte an BMW heran, ein Art Car gestalten zu dürfen. Das Ergebnis ist auf jeden Fall beeindruckend ...

Den letzten Beitrag zu dieser Reihe in den Neunzigern liefert der britisch-stämmige Künstler David Hockney. Am 20. April 1995 setzt er mit seiner Unterschrift den Schlussstrich unter seine Arbeit an einem 850 CSi: Er will das Innere des Autos außen sichtbar machen. So sieht man einen Teil des Fahrers durch die Tür, den Hund auf dem Rücksitz und eine Art Kraftwerk auf der Fronthaube.

Kunst braucht auch Zeit: Hockney´s BMW 850 CSi ist das Ergebnis eines langen Gestaltungsprozesses, denn es gehe ja nicht nur einfach darum, etwas Farbe aufzutragen, lässt der Pop-Art-Künstler wissen.

Heute, knapp 50 Jahre nach dem ersten BMW Art Car ist es so weit: 2024 wird Nummer 20 präsentiert, ein BMW M Hybrid V8. Gestaltet wird das Fahrzeug von der in Äthiopien geborenen Künstlerin Julie Mehretu. Und wie auch schon das Premierenauto, so kommt auch dieser Wagen beim größten und bekanntesten Rennsportevent der Extraklasse zum Einsatz: beim 24-Stunden-Rennen von Le Mans.

Natürlich sind es nicht nur Maler, die Kunst am Auto verwirklichen, es sind auch Kunstschaffende, die Kunst MIT dem Auto realisieren. Unvergessen der Kölner Künstler HA Schult: Im Frühjahr 1989 liefert Ford ihm elf nagelneue Ford Fiesta zur freien Gestaltung, samt finanzieller Unterstützung für sein aufwändiges Kunstprojekt namens „Fetisch Auto". Der Aktionskünstler setzte die künstlerisch verfremdeten Fiesta-Modelle an unterschiedlichen Orten in Köln in Szene. Am 25. April 1991 landete der goldene Flügel-Fiesta mit seinen jeweils rund 150 Kilo schweren Kunststoffflügeln – hochgezogen von einem Kran – auf dem Turm des Kölner Stadtmuseums. Abgesehen von zwei kurzen Sanierungsphasen thront der „Goldene Vogel" dort seit 30 Jahren und hat sich nebenbei zu einem der bekanntesten Wahrzeichen Kölns entwickelt.

Spektakulär sind auch die Aktionen des Gottfried Bechtold. Der geborene Bregenzer gehört zu den herausragenden Künstlerpersönlichkeiten Österreichs. Den Betonabguss seines eigenen Porsche 911 fertigt er 1971 an – und sorgt so prompt für einen Skandal, als er die Betonskulptur in seiner Geburtsstadt in der Galerie Krinzinger aufstellt: „Wenn Beton das Hirn ersetzt", titelt

Köln, Frühjahr 1991: Ford präsentiert so auf besonders kreative Weise die neue, dritte Fiesta-Generation, die zeitgleich in Köln-Niehl vom Band rollt.

Der Künstler ist anwesend: HA Schult, seine Managerin Elke Koska, der damalige Ford-Werke-Chef Bernhard Mattes und der damalige Oberbürgermeister Fritz Schramma (v. li. n. re.) sind vor Ort, als der Goldene Vogel 2005 nach kurzen Restaurierungsmaßnahmen wieder auf seinem angestammten Platz landete.

die Zeitung Vorarlberger Nachrichten. Viele Betrachter erkennen nicht die feine Ironie hinter dem durch den verwendeten Werkstoff seiner Schnelligkeit beraubten Objekt. Seit 1974 steht dieser 10,7 Tonnen schwere Dauerparker auf dem Parkdeck Süd der Uni Konstanz am Bodensee.

Uni Konstanz

Ende der 1990er arbeitet der gelernte Steinmetz an seiner zweiten Skulpur dieser Art: Mit dem „Crashporsche" gelingt wieder eine viel beachtete Aktion. Zwischen 2004 und 2006 dient ein 911-Prototyp als Vorlage für sein Werk „ElfElf": Elf in Beton gegossene 911, die mit jeweils rund 17 Tonnen etwa elf Mal schwerer sind als das Original (daher der Titel ElfElf) frieren die Dynamik des Kultsportlers ein. Auch der verwendete Prototyp selbst kann seinem Schicksal nicht entkommen: Aber anstatt im Porsche-Werk zerlegt zu werden, wird das Fahrzeug der Kunst übergeben und auf Anweisung des Künstlers in einer Schrottpresse auf ein handliches Format kaltverformt. Die auf diese ungewöhnliche Weise geschaffene Skulptur unterscheidet sich „von einer klassisch entstandenen Skulptur dadurch, dass nicht Formen, sondern Funktionen ganz entscheidend verändert werden", so der Künstler über sein Werk, das den passenden Titel „Verdichtung" trägt.

## Bugatti EB 110

Romano Artioli war ein großer Sammler von Bugatti-Fahrzeugen. Der italienische Automobilimporteur und -händler träumte Mitte der 1980er Jahre vom ultimativen Sportwagen – von einem neuen Bugatti, erstmals seit 1956. 1987 kaufte Artioli die Markenrechte und wurde Vorsitzender der Bugatti Automobili S.p.A. In Italien fertigte er den Bugatti EB 110 – benannt nach Ettore Bugatti und dessen 110. Geburtstag. Das 125 Kilo leichte Monocoque bestand erstmals bei einem „Serienauto" aus Carbon, die Karosserie wurde aus Aluminium, Carbon und mit Aramidfasern verstärktem Kunststoff geformt, dazu kamen Magnesium-Räder und Titan-Schrauben. Für Vortrieb war ein 3,5-Liter-V12-Mittelmo-

**Technische Daten**

**Bauzeit:**
1991-1993/1995

**Motorbauart:**
V12, vier Turbolader

**Hubraum (cm³):**
3500

**Leistung (PS):**
560, 611

**Vmax (km/h):**
351

tor mit vier Turboladern zuständig. Je nach Modell und Ausbaustufe bedeutete das 560 PS oder 611 PS. Gekoppelt waren Allradantrieb und ein manuelles Sechsgang-Getriebe. Von 0 auf 100 km/h sprintete der EB 110 in 3,26 Sekunden, die Höchstgeschwindigkeit lag bei 351 km/h. Im Laufe der Zeit gab es das Auto als EB110 GT (Gran Turismo) und EB 110 S (Supersport, später SS). Mit dem EB 110 stellte Bugatti 1991 vier Weltrekorde auf, unter anderem den für die schnellste Beschleunigung, den schnellsten Seriensportwagen, den schnellsten mit Gas betriebenen Sportwagen und den für das schnellste Serienauto auf Eis. Bis 1995 entstanden in der Manufaktur in Campogalliano nur rund 96 EB 110 GT und 32 EB 110 Super Sport. Dann ging Artioli das Geld aus.

**Technische Daten**
**Bauzeit:**
1994-1999
**Motorbauart:**
Vierzylinder
**Hubraum (cm³):**
1588-1795
**Leistung (PS):**
124-232
**Vmax (km/h):**
190-220

## Caterham 21

Der Caterham 21 war der bislang einzige Caterham, der eine komplette Karosserie besaß und tatsächlich in Serie verkauft wurde - wenn auch in übersichtlichen Stückzahlen. Caterham ist noch heute bekannt für die Fortführung des Lotus 7, einem Leichtbaukonzept von Lotus-Gründer Colin Chapman aus den 1950er Jahren. Unter der Karosserie des 21 steckte hauptsächlich ein normaler Seven. Auch aus diesem Grund kam der Roadster mit rund 650 Kilo aus - da wirkten bis zu 232 PS wie ein Raketenschub. Doch das Konzept von Caterham ging nicht ganz auf: Der Wagen war als alltagstauglichere Variante des Seven gedacht, aber die Hardcorefans wollten lieber den knallharten puren Seven. Statt 200 Stück pro Jahr konnte Caterham gerade mal rund 50 Stück in fünf Jahren verkaufen. Kein Wunder, dass der kleine schöne Zweisitzer dann wieder von der Bildfläche verschwand.

**Technische Daten**
**Bauzeit:**
1991-1996
**Motorbauart**
V6, V8
**Hubraum (cm³)**
4297-5733
**Leistung (PS):**
130-264
**Vmax (km/h):**
bis 230

## Chevrolet Caprice

Der 1991 vorgestellte Chevrolet Caprice war die letzte Fullsize-Limousine mit Heckantrieb der US-Marke - nicht wirklich schön, aber irgendwie interessant. Der Spitzname „Walfisch" bezog sich auf das bauchige Design, aber mit dem Top-Motor (5,7-Liter-V8) war das Auto eine Bombe. Kein Wunder, dass die Polizei diese Variante bevorzugte, denn dazu gehörte das 7B3-Special-Police-Pursuit-Fahrwerk mit anderen Federn, Dämpfern, Stabilisatoren, Längslenkern, Buchsen und mehr. Ebenso besonders behandelt waren Motor und Getriebe - die Polizeiarbeit wurde unterstützt durch „Exta Capacity"-Wasserkühler mit stärkeren E-Lüftern und Zusatzkühler für Motor- und Getriebeöl. Die Zeitschrift „Car & Driver" ermittelte für den Sprint von null auf knapp 100 km/h 6,5 Sekunden, die Vmax lag bei 230 km/h. Alle anderen Versionen wurden eher als massenkompatible Rentnerautos angesehen - immerhin 5,44 Meter lang und mit verzinkter Karosserie ausgestattet.

## Chevrolet Corvette C4 ZR1

GM stellte 1989 eine eigene Hochleistungsvariante der vierten Corvette-Generation vor, die ab 1990 als ZR-1 verkauft wurde. Der Hammer war der nagelneue V8-Alu-Motor unter der vorderen Haube. Bei der Entwicklung der 32-Ventil-Maschine half Lotus. So gerüstet waren 385 PS möglich und ein maximales Drehmoment von 502 Newtonmetern. Ab Modelljahr 1993 stieg die Leistung des „King of the Hill", wie die Power-Vette bald genannt wurde, auf 405 PS und 522 Nm. Optisch erkannte man den König an dem um elf Zentimeter verbreiterten Heck, das die 315er-Reifen beherbergte. Ansonsten hatte GM absichtlich jeglichen Proll-Look vermieden. Das herausnehmbare Dachteil war fest verschraubt. Erstmals in einer Corvette steckte das „Selective-Drive-Control"-Fahrwerk mit vom Innenraum aus verstellbarer Dämpfung. Die Fahrleistungen waren entsprechend: 4,4 Sekunden vergingen von 0 auf 100 km/h, Vmax war 290 km/h. Gleich am Anfang ihrer Karriere sicherte sich die 100.000 Mark teure Über-Corvette mehrere Geschwindigkeitsweltrekorde wie den FIA-24-Stunden-Rekord mit einer Durchschnittsgeschwindigkeit von 283 km/h über eine Gesamtstrecke von 6793 Kilometern. Als sensationell galt auch der Innenraum, dessen Styling sich sowohl an Le-Mans-Rennwagen als auch an Fightercockpits zu orientieren schien. 1996 war Schluss - nach 6939 Stück.

**Technische Daten**

**Bauzeit:**
1990-1995

**Motorbauart:**
V8

**Hubraum (cm³):**
5723

**Leistung (PS):**
385, 405

**Vmax (km/h):**
290

## Chevrolet Camaro

Camaro ist Legende – zumindest haben sich die ersten drei Generation diesen Status verdient. Die vierte Generation, ab 1993 auf dem Markt, folgte dem Ruf der 90er nach Rundungen und Komfort statt Muskeln und Sport. Geblieben waren immerhin einfache Technik (was allerdings auch eine hintere Starrachse beinhaltete), bezahlbare Preise und ein V8 mit zunächst 279 PS bis später 305 PS unter der Haube. Einstiegsmotor war allerdings ein 3,4-Liter-V6 mit 162 PS, der 1996 einem 3,8-Liter-V6 mit 193 PS wich. Der Kunde hatte die Wahl zwischen Sechsgang-Handschalter und Vierstufenautomatik, der Antrieb erfolgte artgerecht über die Hinterräder. Übrigens: Auch innen folgte der Camaro dem Trend der Zeit – das Hartplastik-Cockpit wurde dominiert von runden und ovalen Formen. Mehr als 600.000 Exemplare konnte GM von dem sportlichen Pony-Car verkaufen. Weil am Lebensende die Bodengruppe nicht mehr zeitgemäß und eine neue zu teuer war, stellte GM den Bau des Camaro ein. Erst rund sieben Jahre später sollte es eine fünfte Generation geben.

**Technische Daten**

**Bauzeit:**
1993-2002

**Motorbauart:**
V6, V8

**Hubraum (cm³):**
3350-5733

**Leistung (PS):**
162-305

**Vmax (km/h):**
200-254

## Chrysler 300 M

**Technische Daten**
**Bauzeit:**
1998-2004
**Motorbauart:**
V6
**Hubraum (cm³):**
2736, 3518
**Leistung (PS):**
203, 252
**Vmax (km/h):**
210, 230

Auf der Basis von Chryslers „Large Car Platform" entwarf ein Team um Michael Castiglione eine fünf Meter lange Limousine der oberen Mittelklasse, die auch in europäische Garagen passen sollte. Wie bei Chrysler üblich wurde sie im Cab-Forward-Design gestylt, das mit einem Luftwiderstandsbeiwert von 0,31 auch noch aerodynamisch günstig ausfiel. Außerdem schafften es die Designer und Ingenieure, im Chrysler 300M den größten Innenraum aller Fünfmeter-Limousinen anzubieten. Für Vortrieb sorgte einerseits ein 3.5-Liter-Aluminium-V6, der 252 PS leistete. Das maximale Drehmoment von 340 Newtonmeter erreichte der Motor bei 4.000/min, damit lag seine Leistungsfähigkeit deutlich über der von vergleichbaren Motoren der Mitbewerber. Andererseits war in Europa von 1998 bis 2001 auch eine Variante mit dem 2,7-Liter-V6 erhältlich, dieser leistete 203 PS. Auch das Fahrwerk war an die europäischen Vorlieben angepasst und somit nicht butterweich abgestimmt. Aufgrund des modernen Designs und guter Verarbeitungsqualität erhielt der 300M großes Lob, zumindest in der amerikanischen Fachpresse. Das Magazin „Motor Trend" krönte ihn als „Car of the Year 1999", „Car and Driver" setzte den Wagen 1999 und 2000 auf ihre „10 Best Cars"-Liste.

## Cizeta V16T

Den Cizeta V16T kennen Insider vielleicht eher als Cizeta-Moroder V16T - so hieß das Auto aber nur in der Entwicklungsphase. Initiator war der italienische Lamborghini-Ingenieur Claudio Zampolli. 1985 begann er, seinen eigenen, ganz besonderen Sportwagen zu entwickeln. Kurz darauf beteiligte sich Komponist und Grammy-Gewinner Giorgio Moroder an dem Projekt. Designer war Countach-Erschaffer Marcello Gandini, der gleichzeitig am Diablo arbeitete - vermutlich deswegen gab es Ähnlichkeiten zwischen den beiden Autos. 1988 stand der Prototyp in Genf - Moroder stieg 1990 aus. Der erste Cizeta kam mit Sechsliter-V16-Mittelmotor, der brachiale 542 PS leistete, was für 325 km/h Spitze und den Sprint in 4,5 Sekunden reichen sollte. Wegen Geldmangels konnte Zampolli nicht die geplanten 40 Stück pro Jahr bauen, nicht mal zehn pro Jahr wurden realisiert. In Deutschland forderte Zampolli 527.250 Mark für sein Werk, das weder ABS, ASR oder ESP besaß und auch sonst nicht gerade mit Luxus überhäuft war - vielleicht ein Grund, warum das Unternehmen 1995 schließen musste. Letztlich wurden inklusive Prototypen nur acht Autos mit Alu-Karosserie und Stahldach gebaut. Allerdings ging Zampolli danach in die USA und baute dort drei weitere Exemplare, darunter den einzigen Spyder, für den Zampolli 849.000 Dollar aufrief.

**Technische Daten**

**Bauzeit:**
1991-1995

**Motorbauart:**
V16

**Hubraum (cm³):**
5995

**Leistung (PS):**
542

**Vmax (km/h):**
325

**Technische Daten**

**Bauzeit:**
1991-1998

**Motorbauart:**
Vierzylinder,
Vierzylinder-Diesel

**Hubraum (cm³):**
1124-1998

**Leistung (PS):**
60-163

**Vmax (km/h):**
157-220

## Citroën ZX

Der Citroën ZX, 1991 auf die Straße gelassen, enttäuschte die Fans der außergewöhnlichen französischen Marke nicht. Das Modell war das erste speziell für die Kompaktklasse entwickelte Modell von Citroën. Die fünftürige Schrägheckvariante begann den Reigen, ein Dreitürer wurde im Oktober 1992 zusammen mit der sportlichen Variante ZX 16V nachgereicht, eine Kombivariante kam Mitte 1994 zu uns. In Deutschland begann die Motorisierung mit dem 1.4-Liter-Vierzylinder und 75 PS, der sportliche ZX 16V besaß einen Zweiliter-Motor mit zunächst 152 PS, später 163 PS. Die Fans erfreute eine zumindest unten verzinkte Karosserie und zunächst auch der Einarmscheibenwischer, der aber dann doch nicht zuverlässig war und später durch zwei Arme ersetzt wurde. Innen gab es viel Platz, aber leider keine innovativen Überraschungen. So what. Schließlich wurde der ZX vom Xsara ersetzt.

## Citroën XM

Noch heute schwärmen Kenner vom XM, vor allem aufgrund des butterweichen Fahrwerks. Die Hydropneumatik war schon bekannt, aber die weiterentwickelte Ausführung Hydractive machte es besonders - der XM war der erste Serien-Pkw mit elektronisch gesteuertem Fahrwerk (spätere Elektronikprobleme waren allerdings für den einen oder anderen Verkaufseinbruch verantwortlich, weswegen die Hydractive des Öfteren überarbeitet wurde). Die Limousine (Berline) wurde im französischen Rennes hergestellt, der im Herbst 1991 eingeführte Kombi (Break) mit dem riesigen Gepäckabteil beim Fahrzeughersteller Heuliez. 1990 wurde der XM zum Auto des Jahres gewählt, in den Jahren 1991 und 1992 wählten die Leser der Zeitschrift „auto motor und sport" den XM zum „besten Importwagen seiner Klasse". Vielleicht auch deshalb, weil es bei den höherwertigen Ausstattungen eine zweite Heckscheibe gab, die bei geöffneter Heckklappe die Fondpassagiere vor Zugluft schützte. Der XM war stets gut motorisiert, angefangen mit einem zweiliter-Vierzylinder bis hoch zum V6. Dennoch blieb der Kundenkreis recht klein - die Probleme hatten den Ruf dann doch ein bisschen ruiniert. Immerhin wurden mehr als 333.000 XM gebaut.

**Technische Daten**

**Bauzeit:**
1989-2000

**Motorbauart:**
Vierzylinder, Vierzylinder-Turbo, V6, Vierzylinder-Diesel, Vierzylinder-Turbodiesel

**Hubraum (cm³):**
1998-2975

**Leistung (PS):**
82-200

**Vmax (km/h):**
168-235

## Citroën Xantia

Auch wenn der Xantia aus der Feder von Designer Bertone nicht mehr ganz so spacig aussah wie DS, BX, CX oder XM, so steckte doch auch hier wieder typisch citroënige Technik – wie die in der DS eingeführte Hydropneumatik, die Bremsen, Federung und Niveauregulierung mit Öl versorgte und vor allem viel Komfort anbot. Vier Erwachsene fanden im Xantia ausgesprochen viel Platz, der Fahrer saß vor einem gefälligen Cockpit, alles war intuitiv angeordnet. In Kurven lenkte die Hinterachse mit, unter der Haube kam der erste Common-Rail-Diesel von Citroën zum Einsatz. Zudem arbeitete im Topmodell Activa – erkennbar am serienmäßigen Heckspoiler – eine aktive Fahrwerksstabilisierung, die hohe Kurvengeschwindigkeiten ermöglichte. 1998 gab es ein Facelift. An Motorisierungen wurde im Laufe der Zeit nicht gespart – es gab fast alles vom 71-PS-Diesel bis zum 190 PS starken V6.

**Technische Daten**

**Bauzeit:**
1993-1998

**Motorbauart:**
Vierzylinder, Vierzylinder-Turbodiesel, V6

**Hubraum (cm³):**
1580-2946

**Leistung (PS):**
71-190

**Vmax (km/h):**
160-222

## Citroën Xsara

Der Nachfolger des ZX kam mit wenig Überraschungen, dafür mit weichen Linien und französischem Charme. Er besaß eine übliche Stahlfederung. Den Xsara gab es in vier Karosserieversionen: als fünf- und dreitürige Schräghecklimousine, als fünftüriger Kombi und als fünftüriger Kompaktvan namens Xsara Picasso, der sich optisch durchaus absetzte, dadurch aber nicht schöner wurde. Warum der Xsara dann überhaupt in diesem Kultbuch auftaucht? Ganz einfach: Es ist ein Modell von Citroën ...

**Technische Daten**

**Bauzeit:**
1997-2006

**Motorbauart:**
Vierzylinder,
Vierzylinder-Diesel

**Hubraum (cm³):**
1360-1998

**Leistung (PS):**
68-167

**Vmax (km/h):**
162-220

**Technische Daten**

**Bauzeit:** 1996-2003

**Motorbauart:** Vierzylinder

**Hubraum (cm³):** 1587

**Leistung (PS):** 118

**Vmax (km/h):** 205

## Citroën Saxo VTS

Die Franzosen waren schon immer gut darin, friedliebenden Kleinwagen Power einzupflanzen, damit sie richtig Spaß machen. Das passierte auch beim braven Citroën Saxo: Als Nachfolger von Visa GTi und AX GTi kam der Saxo als VTS auf den Markt, dessen Rallyeversion ein junger Wilder namens Sébastien Loeb durch die Landschaften scheuchte. „Zivilisten" durften immerhin 118 PS auf weniger als eine Tonne Wagengewicht loslassen, auch wenn der Motor dazu recht hohe Drehzahlen brauchte. In Kurven zeigte sich das Fahrwerk als nicht so souverän, was Könnern am Steuer aber erst recht Spaß machte. Doch davor stand der Gang zur Bank: Citroën forderte 31.000 Mark für das Auto.

## Citroën Berlingo

Wahrscheinlich sind viele der Kultbuch-Leser einst selbst im Berlingo zur Schule gebracht worden - zu einer Zeit, als es noch keine SUV gab und ein Familienauto nicht viel Geld kosten musste. Der Berlingo war ein Hochdachkombi und baugleich mit dem Peugeot Partner, dessen Grundfläche etwa der eines VW Golf entsprach, die aber beide dem Fahrer eine erhöhte Sitzposition boten und durch eine höhere Karosserie über die ganze Innenraumlänge ein sehr großes Volumen hatten. Der Name leitete sich vom französischen Wort „Berlingot“ ab, einer verkürzten Version der Kutschenform „Berline“. 1997 gewann die überarbeitete Version gemeinsam mit dem Peugeot Partner den Titel „Van of the Year“. Die Käufer waren begeistert von den vielfältigen Möglichkeiten, die der Berlingo bot: keine, eine oder zwei Schiebetüren, mit Heckklappe oder Heckflügeltüren, auch zu haben als Kastenwagen mit blechverkleideten Seitenfenstern. In der Ausstattungsvariante Spacelight/Modutop gab es ein Multifunktionsdach, auch ein Faltdach war erhältlich. Citroën war mit dem Berlingo der erste Anbieter einer neuen Klasse von Hochdachkombis. Schon 1997 gab es sogar eine Elektrovariante: Der Citroën Berlingo Electrique wurde mit einem 15,5-kW-Gleichstrommotor angeboten, der den Wagen auf immerhin 95 km/h beschleunigte. Die Reichweite betrug etwa 95 km. 1749 E-Berlingos entstanden. Erst 2009 war die zweite Generation zu haben.

**Technische Daten**

**Bauzeit:**
1996-2009

**Motorbauart**
Vierzylinder,
Vierzylinder-Diesel

**Hubraum (cm³)**
1124-1997

**Leistung (PS):**
58-109

**Vmax (km/h):**
95-172

**Technische Daten**

**Bauzeit:**
1994-1997

**Motorbauart:**
Vierzylinder

**Hubraum (cm³):**
1498

**Leistung (PS):**
75, 90

**Vmax (km/h):**
163, 170

## Daewoo Nexia

Ein Daewoo Nexia als Kultauto? Irgendwie schon - ich lasse ihn mal als Statthalter ins Buch für andere asiatische Probeläufe in Europa wie Kia Sephia oder Proton 415. Mitte der 1990er Jahre kamen viele neue Hersteller aus Asien. Ihre Argumente: gute Ausstattung, viel Platz für 18.000 bis 22.000 Mark, unauffälliges Styling. Auf der Negativseite standen unauffälliges Styling, nachlässige Verarbeitung und drittklassige Materialien. Der Nexia fiel zudem auch noch damit auf, dass sein Design dem des letzten Opel Kadett wie aus dem Blech geschnitten schien. Was kein Wunder war, weil er auf dem Opel basierte, was mit GM als Mutterkonzern von Daewoo und Opel zu tun hatte. Trotzdem war das schon fast frech. Immerhin gab es ein festes Fahrwerk, aber das Modell nahm sich im Stern-Test satte 10,9 Liter Sprit zur Brust, was schon damals nicht gerade vorbildlich war. 19.950 Mark nahm Daewoo damals für die GL-Version, das war schon ein starkes Angebot. Auch wenn es dafür gerade mal 75 PS und ein Top-Tempo von 170 km/h gab, war man schon recht erfreut, serienmäßig mit Fahrer-Airbag, ABS und Servolenkung ausgerüstet worden zu sein. Stärkste Motorisierung waren in Deutschland 90 PS. Trotzdem machte sich Daewoo mit dem Nexia keinen klangvollen Namen bei uns.

**Technische Daten**

**Bauzeit:**
1995-1998

**Motorbauart:**
Dreizylinder

**Hubraum (cm³):**
847

**Leistung (PS):**
42, 55

**Vmax (km/h):**
131

## Daihatsu Move

Kult ist unter anderem, auf möglichst geringem Raum möglichst viel Platz anzubieten. Das schaffte Daihatsu mit dem Mini-Van Move, einer Mischung aus steuer- und parkbevorzugten japanischem Kei-Car und platzstrotzendem Van. Der Move musste in Japan keinen Parkplatz nachweisen aufgrund seiner Abmessungen wie zum Beispiel einer Länge von nur gut 3,1 Metern. In Japan verkaufte sich das unförmige Miniauto in den ersten drei Jahren 500.000 Mal - es musste also was dran sein, auch wenn wenig drin war, zum Beispiel nur 42 PS. Der Move stand auf der Plattform des Cuore und bot trotzdem maximal 560 Liter Kofferraumvolumen. 1997 kam der Move nach Deutschland, 1998 gab es schon ein Facelift, was ihn auf 3,41 Meter wachsen ließ und ihm einen 55-PS-Motor bescherte.

## Dodge Neon

Neon und Kult? Vielleicht, weil der Name so künstlich klingt wie es das ganze Auto war. Er war nicht schön, er war für US-Verhältnisse ein kleines Kompaktklassemodell und er wurde in Europa als Chrysler Neon angeboten, woanders lief er unter Dodge Neon oder Plymouth Neon. Vorderradantrieb, Cab-Forward-Design, vier Türen (bei uns), langer Radstand, verhältnismäßig kurze Überhänge und eine weit nach vorne reichende Passagierkabine mit einer entsprechend kurzen Motorhaube überzeugten zumindest die deutschen Autofahrer nicht wirklich. Auf der Motorenseite gab es keine Überraschungen: Basis war ein 133 PS starker Zweiliter-Vierzylinder-Sauger. Die Farbwahl geriet übersichtlich, die Ausstattungen ebenfalls, und den Ruf besonderer Zuverlässigkeit konnte sich der Neon auch nicht erarbeiten. Letztlich blieb es bei zwei Generationen, ehe das Modell in der Schublade der Überflüssigkeiten verschwand.

**Technische Daten**

**Bauzeit:**
1994-1999

**Motorbauart**
Vierzylinder

**Hubraum (cm³)**
1796, 1996

**Leistung (PS):**
133-147

**Vmax (km/h):**
190-210

## Dodge Stratus

Wenn schon der damalige Chrysler-Deutschland-Geschäftsführer Stratus-Kunden als „intellektuelle Geisterfahrer" bezeichnete, kann es sich aus heutiger Sicht ja nur um ein Kult-Auto handeln. Der in Europa als Chrysler Stratus angebotene Dodge Stratus konnte zwar nichts besser als die Konkurrenz, aber vieles schlechter: Der Wendekreis von 12,1 Metern war viel zu groß, das Fahrwerk zu weich, der 163 PS starke Sechszylinder schluckte im Test 13,8 Liter Sprit. Und dann besaß das Auto auch noch eine nervöse Automatik, die bei bestimmten Tempi hin und her schaltete, als könne sie sich nicht entscheiden. Auch die indirekte Lenkung bekam ihr Fett weg. Unschlagbar war allerdings der Preis von knapp 48.000 Mark in Deutschland für die LX 2.5-Limousinen-Version. Ab 1996 gab es den Wagen auch als Cabriolet, er blieb ein Jahr länger im Programm als die geschlossene Variante.

**Technische Daten**

**Bauzeit:**
1995-2001

**Motorbauart**
Vierzylinder, V6

**Hubraum (cm³)**
1996, 2497

**Leistung (PS):**
133, 163

**Vmax (km/h):**
200, 210

## Dodge Viper RT10, GTS

**Technische Daten**

**Bauzeit:**
1992-2002

**Motorbauart:**
V10

**Hubraum (cm³):**
7990

**Leistung (PS):**
384-456

**Vmax (km/h):**
264-295

Dass Amerikaner dann doch Sportwagen bauen konnten, hatten sie mit der Corvette - zumindest mit der zweiten Generation - bewiesen. Anfang der 90er-Jahre manifestierten sie den Anspruch mit einem echten Biest, der Viper, die zunächst als Dodge vermarktet wurde, später als Chrysler. Spötter unkten, das Auto trage einen Lastwagenmotor vor sich her, aber wer mal eine Viper gefahren ist, weiß, dass die Motorenherkunft egal ist und was Power alles machen kann. Denn die Kraft von knapp 400 PS wurde ungefiltert auf die Hinterräder übertragen. Die Neuinterpretation eines „Muscle Cars“ mit beeindruckenden Sidepipes kam zunächst als offene RT/10 auf den Markt („Road/Track, zehn Zylinder“), die geschlossene Variante GTS folgte 1996. Der V10 wurde mit Hilfe von Lamborghini überarbeitet, der Motorblock und die Zylinderköpfe aus Aluminium gefertigt. Die Karosserie bestand hauptsächlich aus GFK-Teilen und Aluminium. Zum Modelljahr 1996 wurde die zweite Generation eingeführt. Ab Modelljahr 1998 leistete der Zehnzylinder-Motor 456 PS, damit war das aerodynamisch günstigere GTS-Coupé bis zu 295 km/h schnell. Bis einschließlich 1998 wurden weltweit fast 8500 Viper verkauft

## Ferrari 348 tb/ts/Spider/GTB/GTS

Ferrari hatte Ende er 1980er Jahre ein Luxusproblem – nämlich für die 90er Jahre einen ausgezeichneten Nachfolger für die beliebten und erfolgreichen 308 und 328 zu präsentieren. Es kam der 348 – aber bei den Kunden entsprach er diesen Erwartungen nicht. Auch wenn es gleich wieder zwei Karosserievarianten gab (ts hieß die Version mit rausnehmbarem Dachteil, tb das Coupé), wurde schnell klar, dass zum Beispiel die Qualität schlicht nicht ausreichte. Ferrari verbesserte daraufhin das Auto ständig, so dass nach sechs Jahren Laufzeit doch mehr als 8800 Exemplare verkauft werden konnten. Das Herz, der 3,4-Liter-V8, war eine Weiterentwicklung des 328er-Motors, der 300 PS produzierte und den 348er in weniger als sechs Sekunden auf 100 km/h brachte und eine Höchstgeschwindigkeit von mehr als 270 km/h zuließ. 1993 erstarkte der Motor auf 320 PS. Damit einhergehend wurde auch das Fahrwerk verbessert sowie das Getriebe überarbeitet. Die Benennung wurde daraufhin in GTS und GTB geändert, und eine Spider-Version komplettierte die Modellfamilie, der mit dem gestärkten Motor in 5,4 Sekunden auf 100 km/h beschleunigen sollte.

**Technische Daten**

**Bauzeit:**
1989-1995

**Motorbauart:**
V8

**Hubraum (cm³):**
3405

**Leistung (PS):**
300, 320

**Vmax (km/h):**
272, 280

## Ferrari 512 TR, 512 M

**Technische Daten**

**Bauzeit:**
1991-1996

**Motorbauart:**
V12

**Hubraum (cm³):**
4943

**Leistung (PS):**
428, 440

**Vmax (km/h):**
314, 315

Der Ferrari 512 TR war natürlich kein brandneues Auto - aber immerhin war es ein überarbeiteter Testarossa, der zudem eine neue Bezeichnung erhielt. Schon der Testarossa war Kult, der Name stammte von den rot lackierten Ventildeckeln des V12-Motors. Optisch stachen die markanten Seitenschlitze an den Fahrzeugseiten hervor, die eigentlich die Kühlluft zu den beiden hinten angebrachten Kühlern leiten sollten. Sie galten schnell als neues Stilelement, das die Tuning-Szene freudig aufnahm. Die Leistung der 4,9-Liter-Maschine wurde auf 428 PS gesteigert, unter anderem dank geänderter Zylinderköpfe mit größeren Ventilen, einer modifizierten Auspuffanlage und neuen Airboxen. Optisch wurde hauptsächlich die Front geändert. Hinten geriet die Erhebung auf der Motorabdeckung flacher und wurde mit einem zusätzlichen Kühlschlitz versehen. Die gelochten Metallbänder an den beiden Finnen der Motorhaube fehlten und die Heckschürze bildete eine Einfassung für die Abgasrohre. Vom 512 TR wurden 2261 Stück gebaut, der Testarossa kam allerdings auf 7177 Exemplare. Das Ende der Modellreihe markierte der 512 M (wie „Modificata"), der dann mit 440 PS und leichten Karosserieretuschen kam. 501 Stück wurden gebaut, ehe er vom 550 Maranello abgelöst wurde, der statt Mittelmotor den V12 vorne trug.

## Ferrari 456 GT

Früher war Ferrari nicht gerade bekannt für Eleganz und Understatement, insofern ragte der 456 GT heraus - ob positiv oder negativ, möge jeder nach dem eigenen Geschmack beurteilen. Unstrittig war der wunderbare V12-Antrieb für den 2+2-Sitzer. Wie fast immer war Pininfarina für die Linienführung verantwortlich, die ihm diesmal - zumindest meiner Meinung nach - besonders gut glückte. Auch intern galt der 456 GT als Top-Modell, noch über dem 550 Maranello rangierend. Ferrari-Chef Luca de Montezemolo soll einen 456 GT als Dienstwagen genutzt haben, und zwar samt Chauffeur und Automatikgetriebe. Die Sechsgangversion machte allerdings wesentlich mehr Spaß - kein Wunder bei seidenweichen 442 PS. Knapp 3300 Stück wurden gebaut. Billig war er nie: 1995 kostete er rund 350.000 Mark

**Technische Daten**

**Bauzeit:**
1993-2003

**Motorbauart:**
V12

**Hubraum (cm³):**
5474

**Leistung (PS):**
442

**Vmax (km/h):**
298

## Ferrari F50

**Technische Daten**
**Bauzeit:**
1996-1997
**Motorbauart:**
V12
**Hubraum (cm³):**
4699
**Leistung (PS):**
520, 750
**Vmax (km/h):**
325

So manch eine Firma schenkt sich und ganz besonders guten Kunden zum 50. Firmenjubiläum ein spezielles Auto, wofür jedoch die Käufer trotz allem tief in die Tasche greifen müssen. 380.000 Mark kostete das Geschenk, aber es war kein Geringeres als ein Ferrari F50 (nur Michael Schuhmacher bekam tatsächlich einen geschenkt). Nur 349 Stück entstanden, jeweils bestückt mit einem 4,7-Liter-V12-Mittelmotor mit 520 PS. Das Leistungsgewicht betrug 2,37 kg/PS. Er basierte technisch auf dem Formel-1-Motor, der bis 1993 von Ferrari verwendet wurde. Die Kraft wurde über ein manuelles Sechsganggetriebe auf die Hinterräder losgelassen. Das alles reichte für den Sprint in 3,9 Sekunden - damals ein Traumwert. Auch der Rest der Technik war vom Feinsten: Die Karosserie bestand aus kohlenstofffaserverstärktem Kunststoff. Die Reifen der Dimension 335/30 ZR 18 (hinten) saßen auf Felgen aus einer Aluminium-Magnesium-Legierung, die Radnaben bestanden aus Titan. Das Hardtop des F50 konnte entfernt werden, um ihn in einen offenen Zweisitzer zu verwandeln. Die großen Bremsen stammten von Brembo. Auf der hauseigenen Fiorano-Teststrecke gab Ferrari eine Rundenzeit von 1:27,1 Minuten für den F50 an. Damit sollte er rund 2,5 Sekunden schneller als sein direkter Vorgänger namens F40 sein. Trotz guter Fahrleistungen entfachte der F50 aber nicht so viel Enthusiasmus wie der F40, was an der für viele nicht ganz so überzeugenden Form lag. Ebenso setzte er sich in Sachen Fahrleistungen nicht genug ab vom Vorgänger oder der Konkurrenz. So entstanden zusätzlich noch drei F50 GT, die dann auch gleich mit 750 PS und sequenziellem Sechsganggetriebe kamen.

## Ferrari F355

Wer in den 1990er Jahren extrem viel Wert legte auf tolles Drehvermögen des Motors, hypnotisierenden Sound und beeindruckende Fahrleistungen, kam um den Ferrari F355 nicht herum. Der Nachfolger des 348 kam mit einem kurzhubigen Saugmotor, den man ungestraft bis zu 8250 Umdrehungen jubeln durfte. Der V8 sorgte für 108 PS pro Liter Hubraum (380 PS), was damals nicht zu schlagen war. Die Sitzposition galt als nahezu perfekt, Handling und Schalten sorgten für Fahrspaß pur. Da war die sequenzielle „F1"-Schaltung, die man später optional ordern konnte, gar nicht nötig, zumal sie die Fahrleistungen nicht verbesserte. Obwohl der F355 nahezu die Proportionen seines Vorgängers behielt, wirkte er viel harmonischer - sowohl aus ästhetischer, als auch aerodynamischer Sicht. Unter der geschmeidigeren Hülle befanden sich im Vergleich zum Vorgänger weitere Verbesserungen wie Servolenkung und variable Dämpfer. Der F355 war der letzte Ferrari, der von Hand gebaut wurde. Letztlich markierte der F355 den Übergang von analog zu digital bei Ferrari. Mehr als 11.000 Exemplare aller Ausführungen konnte Ferrari absetzen.

**Technische Daten**

**Bauzeit:**
1994-1999

**Motorbauart**
V8

**Hubraum (cm³)**
3496

**Leistung (PS):**
380

**Vmax (km/h):**
297

## Ferrari 360 Modena

Der Ferrari 360 Modena erschien im Frühjahr 1999 als Nachfolger des Ferrari F355 und wurde bis zum Erscheinen des Ferrari F430 im Frühjahr 2005 gebaut, hauptsächlich automatisiert. Der 360 Modena verfügte über lediglich 19 Mehr-PS als sein Vorgänger und wog 20 Kilo mehr als der F355. Dementsprechend ähnlich waren die Fahrleistungen der beiden Sportwagen-Generationen. Es blieb beim V8-Mittelmotor mit 3,6 Litern Hubraum, der jetzt 400 PS bei 8500 Umdrehungen pro Minute leistete. Der Motor wurde als Fünfventiler ausgeführt (drei Einlass- und zwei Auslassventile, letztere mit variabler Steuerzeit für bessere Performance bei hohen Geschwindigkeiten). Der Spider war mit 1425 Kilo deutlich schwerer als der Modena und Challenge Stradale (2003 eingeführte Straßenversion des reinen Renn-F360 mit 431 PS) mit 1365 Kilo. Der Sprint gelang in 4,5 Sekunden. 300 km/h Top-Speed wurden knapp verpasst. Das Sechsgang-Getriebe des 360 Modena gab es mit traditioneller Handschaltung oder mit F1-Schaltwippen. Ein Antiblockiersystem und eine Antriebsschlupfregelung waren Seric, sonstige Fahrhilfen wurden nicht mal gegen Aufpreis angeboten.

**Technische Daten**

**Bauzeit:**
1999-2005

**Motorbauart**
V8

**Hubraum (cm³)**
3586

**Leistung (PS):**
400, 425

**Vmax (km/h):**
293-300

## Ferrari 550 Maranello

**Technische Daten**
**Bauzeit:**
1996-2001
**Motorbauart:**
V12
**Hubraum (cm³):**
5474
**Leistung (PS):**
485
**Vmax (km/h):**
320

Wieder einmal war Pininfarina verantwortlich für einen Ferrari, diesmal für den Nachfolger des Testarossa und des 512. Der 550 Maranello war ein Transaxle-GT, also Motor vorne und Getriebe hinten – zum ersten Mal nach 23 Jahren hatte sich Ferrari entschieden, einen Zwölfender vorne in einem Zweisitzer einzubauen. Die Karosserie bestand komplett aus Aluminium. Klar, dass das kostete, und zwar 324.700 Mark im Jahr 1996. Damit war es das teuerste Auto seiner Art. Dafür bot es so seltene Gimmicks wie eine Antriebsschlupfregelung, die dafür sorgte, dass die bis zu 569 Newtonmeter beim Kavalierstart nicht gleich die Reifen zerschlissen. Damit aber genug Spaß blieb, konnte man die ASR herunterregeln. Das ließ Schlupf zu, verhinderte aber trotzdem ein unkontrolliertes Ausbrechen des Hecks. Das alles machte den 550 zu einem alltagstauglichen Auto, inklusive ausreichend großem Innenraum, einem Kofferraum sowie mit guten Fahrmanieren. Er war 1996 eben ein neuer GT alter Schule.

## Fiat Multipla

Ein Auto mit Speckfalte? Die Italiener haben auch das hingekriegt. Und zwar mit der ersten Generation des Fiat Multipla. Dieses Auto konnte man eigentlich nur lieben oder hassen, und irgendwie machte es den Eindruck, dass bei den meisten die letztere Gefühlswallung überwog. Denn als besonderes Merkmal besaß der Multipla eine abgesetzte Leiste direkt unter der Frontscheibe. In diese Leiste waren die Scheinwerfer für das Fernlicht sowie mittig das Fiat-Logo mit fünf Strichen eingebaut. Ab Anfang 2001 wurde das Emblem mit dem Wort FIAT in einem Lorbeerkranz verwendet - Uaaaaaahhhhhh. Das Magazin „Der Spiegel" kürte den Multipla im Februar 2009 zu einem der zehn hässlichsten Autos aller Zeiten, und bei einer Abstimmung von „Auto Bild Online" in 2011 errang das Vehikel den ersten Platz beim Wettbewerb „Peinlichstes Auto aller Zeiten". Die Plattform und die Motoren des Multipla entstammten der Konzern-Kompaktklasse, dem Fiat Bravo. Das Innenraumkonzept war innovativ: Es gab sechs Einzelsitze in zwei Reihen, man konnte ab Werk aber auch fünf Plätze und eine Multifunktionsbox einschließlich Kühlbox zwischen den beiden Vordersitzen bekommen. Hinzu kam eine Besonderheit bei der Motorisierung: Der Multipla konnte neben den klassischen Verbrennungsmotoren für Benzin oder Diesel auch mit einem rein erdgasbetriebenen Motor und vier Druckflaschen am Wagenunterboden oder als Bi-Power mit Hybridantrieb gekauft werden. Schöner macht ihn das auch nicht.

**Technische Daten**

**Bauzeit:**
1999-2004

**Motorbauart**
Vierzylinder,
Vierzylinder-Diesel

**Hubraum (cm³)**
1581-1910

**Leistung (PS):**
90-120

**Vmax (km/h):**
157-178

## Fiat Cinquecento

**Technische Daten**

**Bauzeit:**
1991-1999

**Motorbauart:**
Zweizylinder, Vierzylinder

**Hubraum (cm³):**
704, 899, 1108

**Leistung (PS):**
39-54

**Vmax (km/h):**
126-150

Noch heute spielt Fiat mit den Erfolgen des Ur-500er – aber auch schon 1991 war den Verantwortlichen klar, dass man auf dem alten kleinen Sympathieträger aufbauen konnte. Folgerichtig hieß der Nachfolger des 126 „Cinquecento", also „500". Diesmal allerdings mit Front- statt Heckmotor. Der Kofferraum des kleinsten Fiat fasste 170 Liter, bei umgeklappter Rücksitzbank ließ sich der Stauraum auf erstaunliche 810 Liter vergrößern. Für den deutschen Markt wurde der Fiat Cinquecento, den das Werk Tychy in Polen produzierte und von dem über eine Million Exemplare vom Band liefen, in mehreren Versionen angeboten. Die Standardversion kam mit 39 PS. Der Wagen beschleunigte in 18 Sekunden aus dem Stand auf Tempo 100, die Maximalgeschwindigkeit betrug 140 km/h. Am anderen Ende war der Cinquecento Sporting positioniert mit 1,1-Liter-Einspritzer und 54 PS. Top-Tempo: 150 km/h. Tatsächlich kam er mit tiefergelegter Karosserie, härter abgestimmten Stoßdämpfern und einem Stabilisator an der Vorderachse.

**Technische Daten**

**Bauzeit:**
1993-2000

**Motorbauart**
Vierzylinder,
Vierzylinder-Turbo,
Vierzylinder-Diesel

**Hubraum (cm³)**
1108-1698

**Leistung (PS):**
57-133

**Vmax (km/h):**
150-200

## Fiat Punto

Der Fiat Punto war ein großer Wurf - auch, weil er die Basis bildete für viele nette Derivate. Ursprünglich war er ein Kleinwagen, der 1993 auf die Welt kam als drei- sowie fünftürige Steilhecklimousine. Hauptgegner: der VW Polo. Das Design stammte von Großmeister Giugiaro. Der Punto war der erste Kleinwagen von Fiat mit einer Verzinkung wichtiger Karosserieteile. Im April 1994 erschien zusätzlich zur Limousine ein Cabriolet, was dazu beitrug, dass der Punto 1996 das meistverkaufte Auto in Europa war. Er gewann auch den Titel „Auto des Jahres 1995". Powerversion war der 1.4 Turbo mit immerhin 133 PS, was ihn 200 km/h schnell werden ließ. Im August 1999 endete die Produktion der Steilhecklimousinen, während das Cabriolet noch bis Juni 2000 gebaut wurde. Der Name Punto lebte aber noch viele Generationen weiter - bis 2018.

**Technische Daten**

**Bauzeit:**
1993-1996

**Motorbauart:**
Vierzylinder, Fünfzylinder, Vierzylinder-Turbo, Fünfzylinder-Turbo

**Hubraum (cm³):**
1747, 1998

**Leistung (PS):**
131-220

**Vmax (km/h):**
205-250

## Coupé Fiat

Anfang der 1990er Jahre brauchte Fiat mal wieder einen Hingucker - und schaffte das mit dem Coupé Fiat. Pininfarina zeichnete sich dafür verantwortlich - nicht nur in Sachen Design, sondern ebenso für den Bau. Auch beim Interieur hörte die designerische Innovationsfreude nicht auf. Journalisten befanden es für „herzhaft unausgewogen", was ihm so viele Freunde einbrachte wie Gegner. Außergewöhnlich war er allemal: 1997 gab es kein schnelleres Auto für 50.000 Mark als das 220 PS starke Coupé Fiat 2.0 20V Turbo - 1996 wurden allerdings gerade mal 1316 Exemplare davon in Deutschland verkauft, was Zweifler fragen ließ, ob die richtige Marke vorne am Kühler prangen würde. Das Power-Coupé arbeitete beim Anfahren mit niedrigem Ladedruck, um dann richtig zuzuschlagen. Das Fahrwerk leitete jede Bodenunebenheit an den Fahrer weiter. Für kurze Strecken konnte tatsächlich noch jemand auf den +2-Sitzen hinten hocken, und selbst etwas Gepäck durfte mit: 295 Liter waren gar nicht mal so schlecht. Größter Konkurrent: der Alfa Romeo GTV.

## Fiat barchetta

**Technische Daten**

**Bauzeit:**
1995-2005

**Motorbauart**
Vierzylinder

**Hubraum (cm³)**
1747

**Leistung (PS):**
131

**Vmax (km/h):**
200

Fiat-Fans - und nicht nur die - waren ganz aus dem Häuschen, als das „Bötchen", was „barchetta" übersetzt heißt, vom Stapel gelassen wurde. Zumal Fiat zehn Jahre lang zuvor offene Zweisitzer völlig ignorierte, der letzte 124 Spider lief 1985 vom Band. Das sympathische Design passte perfekt in die Zeit - der Preis auch: Mit 36.800 Mark war die barchetta eines der preiswertesten Zweisitzer-Cabriolets auf dem Markt. Unter dem Blech hatten die Ingenieure das Fahrwerk straff genug abgestimmt, damit der Fiat jede Serpentine sportlich nehmen konnte. Das Dach verschwand schnell und ohne großen Aufwand vollständig unter der Blechhaut - niemand spürte, dass ein Fiat Punto die Basis bildete. Motorseitig musste man sich keine Gedanken machen, es gab das Auto nur mit einem 1.8-Liter-Vierzylinder, der 131 PS leistete. Im Gepäckraum konnten immerhin drei Getränkekisten mitreisen. Was die meisten nicht merkten: Der Fiat barchetta war eines der ersten Großserienautos mit Klarglas über den Frontscheinwerfern.

## Fiat Bravo/Brava

Man muss schon eine Ladung Grappa intus haben, um auf solche Namen zu kommen: Bravo für den Dreitürer, Brava für den Fünftürer. Den Fließheck-Nachfolger des Tipo gab es mit diversen Motorisierungen, stärkste Ausführung war ein Fünfzylinder mit zwei Litern Hubraum und erst 147 PS, später 154 PS. Das Design des Bravo wurde in Fiats Centro Stile unter der Leitung von Ermanno Cressoni entwickelt. Der Bravo wurde übrigens zum „Auto des Jahres 1996“ gewählt. Der Nachfolger hieß Stilo.

**Technische Daten**

**Bauzeit:**
1995-2001

**Motorbauart:**
Vierzylinder, Fünfzylinder, Vierzylinder-Diesel

**Hubraum (cm³):**
1369-1998

**Leistung (PS):**
65-154

**Vmax (km/h):**
155-210

## Fiat Seicento

**Technische Daten**

**Bauzeit:**
1998-2007

**Motorbauart:**
Vierzylinder

**Hubraum (cm³):**
899, 1108

**Leistung (PS):**
39, 54

**Vmax (km/h):**
140, 150

So kultig wie der Fiat 500 oder der Cinquecento wurde der Seicento nie – aber irgendwie hatten alle Kleinstautos von Fiat etwas, und sei es nur ihren guten Ruf. Technisch basierte der Seicento auf dem Cinquecento, wobei er sich hauptsächlich durch die Karosserie unterschied. Er war 3,34 Meter kurz, besaß Frontantrieb und einen quer eingebauten Motor. Dafür standen zwei verschiedene kleine Kraftpakete zur Wahl bis zum Facelift 2000: ein Vierzylinder mit entweder 39 PS oder 54 PS. Für italienische Gemeinden und Carsharing-Formen war auch noch der „Elletra" zu haben mit 20 PS oder maximal 40 Elektro-PS. Ein Asynchronmotor an der Hinterachse beschleunigte den Winzling in acht Sekunden von 0 auf 50 km/h. Die 18 Blei-Glasfaser-Akkus mit jeweils 12 V und insgesamt 60 Ah waren im Motorraum, im Kardantunnel sowie unter der Rücksitzbank untergebracht und ermöglichten eine Reichweite von rund 90 Kilometern. Sie konnten an einer Haushaltssteckdose in acht Stunden geladen werden. Insgesamt wurden 294 Elettra gebaut. Der Seicento war übrigens auch beliebtes Tuning-Objekt: Mehrere namhafte Tuner powerten den Zwerg bis auf 114 PS hoch, was mehr als 200 km/h ermöglichte. 2007 spendierte Fiat selbst 69 PS – aber das hatte mit den 90ern nichts mehr zu tun ...

## Fiat Marea

Marketingtechnisch ganz geschickt brachte Fiat 1996 ein neues Modell heraus, den Marea. Denn der war kaum etwas anderes als eine Brava-Limousine mit Stufenheck als Limousine sowie als Kombi („Weekend"). Bis heute ist die abklappbare Stoßstange unterhalb der Heckklappe des Weekend ein immer noch recht seltenes Merkmal. Es standen Motoren von 75 bis 154 PS zur Verfügung. Auch Selbstzünder bis zum 2,4-Liter-Fünfzylinder-Motor mit 124 PS waren zu haben. Ab dem Modelljahr 1999 war ein 2,4-l-JTD mit 130 PS der Top-Diesel. Ein Facelift Ende 2000 im Zuge der Einführung des neuen Marken-Logos sorgte unter anderem für überarbeitete Motoren. Nur für den Hinterkopf: Für Südamerika gab es sogar eine 182 PS-Version, die 227 km/h Spitze geschafft haben soll ...

**Technische Daten**

**Bauzeit:**
1996-2002

**Motorbauart:**
Vierzylinder, Fünfzylinder, Vierzylinder-Diesel, Fünfzylinder-Diesel

**Hubraum (cm³):**
1369-2387

**Leistung (PS):**
75-154

**Vmax (km/h):**
167-210

# Auto & Auszeichnungen: Award-Gewinner des Jahrzehnts

Viele Fahrzeuge der Endachtziger- und frühen Neunzigerjahre gelten als besonders langlebig. Denn manche Hersteller entdecken zu jener Zeit, dass sich Autos besser verkaufen, wenn die sichtbaren Karosseriebauteile deutlich hochwertiger sind als vorher und die mechanisch oder chemisch belasteten Komponenten wie Kurbeltrieb und Antriebsstrang standfester. Besonders deutlich wird das bei Autos wie Audi 100 C4, Audi 80 B3, beide vollverzinkt, Mercedes-Benz 190 E, VW Golf II oder den Volvo-Baureihen 240 sowie 850 und V70, deren Motoren noch heute als schier unverwüstlich gelten. Besonders die Audi-Modelle genießen den Ruf, die korrosionsresistentesten und zuverlässigsten Automobile zu sein.

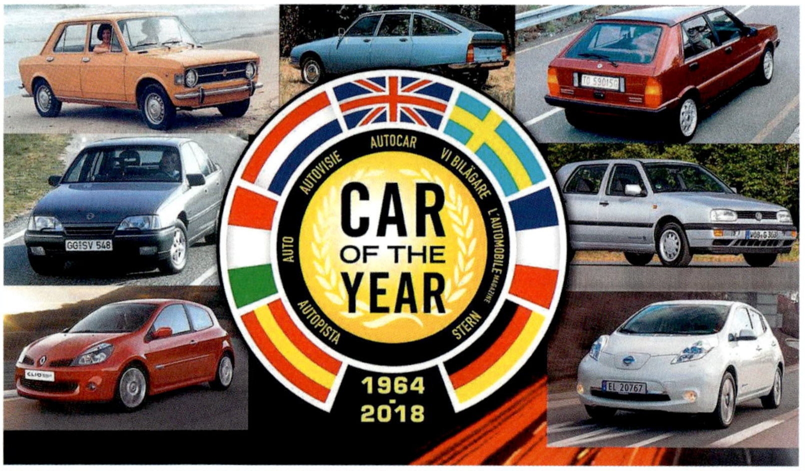


Eher andere Kriterien werden bei der Wahl „Car of the Year“, kurz COTY, von Fachjuroren berücksichtigt – bei uns ist der Wettbewerb als „European Car of the Year“ oder „Auto des Jahres“ bekannt. Seit 1964 werden dabei jährlich die besten neu erschienenen Automobile gekürt.

1990 siegt ausgerechnet der heute als sehr sensibel bekannte Citroën XM vor dem Mercedes-Benz SL und dem Ford Fiesta. 1991 geht die Trophäe wieder nach Frankreich: Renault gewinnt mit dem Renault Clio I, gefolgt von Nissan Primera und Opel Calibra. Ein Jahr später setzt sich der VW Golf III durch, vor Opel Astra F und Citroën ZX. 1993 sichern sich die Japaner mit dem Nissan Micra den ersten Platz, Fiat Cinquecento und Renault Safrane haben das Nachsehen. Der Ford Mondeo erobert 1994 den Titel vor dem Citroën Xantia und der Mercedes-Benz C-Klasse.

Wiederum ein Jahr später heißen die drei Besten Fiat Punto, VW Polo III und Opel Omega B, 1996 gefolgt von Fiat Bravo/Brava, Peugeot 406 und Audi A4 (B5). 1997 können sich die Käufer von Renault Mégane Scénic, Ford Ka und VW Passat B5 darüber freuen, ein Modell mit Auszeichnung zu erstehen. 1998 steht auf Platz 1 der Alfa Romeo 156, gefolgt vom VW Golf IV und dem Audi A6 (C5). Am Ende des Jahrzehnts sichert sich der Ford Focus die Topplatzierung, dahinter reihen sich Opel Astra G und Peugeot 206 ein.

Seit 1976 verleiht die Boulevardzeitung „BILD am Sonntag“ einen weiteren Award, das „Goldene Lenkrad“. Die Sieger werden stets in verschiedenen Klassen gekürt: 1990 sind das Renault Clio, Nissan Primera, Lexus LS 400, BMW 850i und Opel Calibra, ein Jahr später VW Golf, BMW 318i, Mercedes-Benz 300 SE und Renault Espace. 1992 werden Nissan Micra, Renault 19, Mazda 626 und Mitsubishi Pajero

ausgezeichnet, 1993 Fiat Punto, Peugeot 306, Mercedes-Benz C 180 und Audi 100 Avant. 1994 freuen sich die Macher von VW Polo, Opel Omega, Audi A8 und BMW 318i Cabrio über die Auszeichnung, 1995 gefolgt von Fiat Brava, Opel Vectra, BMW 528i und Alfa Romeo GTV. 1996 werden Ford Ka, Audi A3, VW Passat und Mercedes-Benz SLK gewählt, 1997 stehen Seat Arosa, Mercedes-Benz A160, Audi A6 und Renault Espace auf der Siegerliste. 1998 gewinnen Peugeot 206, Ford Focus, BMW 320i und Mercedes-Benz S 320. Bleibt noch 1999, da heißen die Erfolgstypen: Škoda Fabia, Lancia Lybra, Rover 75 und Opel Zafira.

Schließlich gibt es seit 1999 noch den „International Engine of the Year Award." Im Premierenjahr geht die Auszeichnung an den Toyota Yaris 1SZ-FE 1.0 L (Bild oben). Seit 2001 werden zusätzlich die Kategorien „Best New Engine" und „Best Performance Engine" ausgezeichnet.

INTERNATIONAL engine of the year

## Ford Explorer

**Technische Daten**

**Bauzeit:**
1990-1995

**Motorbauart:**
V6

**Hubraum (cm³):**
3958

**Leistung (PS):**
162

**Vmax (km/h):**
170

Die erste Generation des Explorer war ein ganz schön großes Sport Utility Vehicle von Ford mit Verkaufsstart in den Staaten ab 1990. Man konnte das mächtige Auto sowohl zweitürig wie auch viertürig bekommen. Es baute auf dem gleichen Kastenrahmen und Fahrwerk auf wie sein Vorgängermodell, dem Ford Bronco II. Mit 4,43 Meter Länge und 1,78 Meter Breite war der Explorer um einiges schwerer als der Bronco II, weshalb auch ein stärkerer Motor notwendig wurde. Der V6, im Kölner Ford-Motorenwerk in Deutschland produziert, durfte mit vier Litern Hubraum und 162 PS kommen. Optionen wie Automatikgetriebe, Touch-Drive-Allradsystem, Lederausstattung, Klimaanlage, Stereoanlage, elektrische Fensterheber und Sitze, Zentralverriegelung, Geschwindigkeitsregelanlage und mehr bewiesen, dass dieses kein knallharter Geländegänger sein sollte, sondern ein krabbelfähiges Freizeitmobil. In Europa war der Explorer ab 1993 zu haben. Ungewöhnlich:
Nach Allrad-Nutzung musste das Auto mindestens eine Wagenlänge gegen seine letzte Fahrtrichtung gefahren werden, damit sich die Freilaufnaben gänzlich entriegelten.

## Ford Bronco

1992 wurde der Geländewagen Bronco wie die F-Serie erneut und vor allem im Hinblick auf seine Sicherheit überarbeitet. Die fünfte und vorerst letzte Generation erhielt eine verbesserte vordere Knautschzone, Schultergurte hinten, ein drittes Bremslicht am abnehmbaren Aufbau und 1994 Airbags auf der Fahrerseite. Kosmetische Änderungen umfassten außen eine geneigte Frontpartie und innen ein neues Armaturenbrett. Erstmals wurden auch elektrisch verstellbare Außenspiegel angeboten. 1996 erhielt der Bronco weltweit als erstes Auto Blinkleuchten in den Seitenspiegeln. Just to know: 2022 brachte Ford eine neue Version des Bronco auf die Straße, optisch an die Vorgänger angelehnt. Dessen USP: Der Wendekreis wird minimiert durch Abbremsen des kurveninneren Rades ...

**Technische Daten**

**Bauzeit:**
1992-1996

**Motorbauart:**
V8

**Hubraum (cm³):**
4942, 5766

**Leistung (PS):**
201, 208

**Vmax (km/h):**
180, 185

## Ford Mondeo

**Technische Daten**

**Bauzeit:**
1993-1997

**Motorbauart**
Vierzylinder, V6, Vierzylinder-Turbodiesel

**Hubraum (cm³)**
1597-2544

**Leistung (PS):**
88-170

**Vmax (km/h):**
174-225

Mutig, was Ford als Nachfolger des Sierra ab 1993 anbot: einen fast schon filigran wirkenden Mondeo mit den für die Zeit bald typischen schmalen Scheinwerfern. Reihenvierzylinder und V6 waren vorne quer eingebaut, das schaffte Platz für Passagiere und Gepäck. Die Turnier-Version, also der Kombi, erhielt sogar eine Mehrlenker-Hinterachse, was einen guten Zugang zum Kofferraum ermöglichte. Der Antrieb erfolgte vorne – nach 22 Jahren das erste Mal wieder. Tatsächlich wurde der Mondeo sehr gerne als Kombi gekauft, nicht nur von Handwerkern und Gewerbetreibenden. Und alle freuten sich über die gute Fahrwerksabstimmung. Kein Wunder, wurde sie doch von Jackie Stewart persönlich mitgestaltet. Mehr als 40 Modellvarianten waren im Programm, der Mondeo mit 136 PS starkem Zweiliter sogar optional als Allradler zu haben. Die ganze Ford-Mühe wurde belohnt mit dem Titel „Car oft he Year 1994". Mehr als 1,5 Millionen Stück konnte Ford absetzen.

## Ford Escort RS Cosworth

Der Escort RS Cosworth war ein Sport-Derivat des europäischen Ford Escort. Das Modell wurde ursprünglich entwickelt, um sich für die Gruppe A der Rallye Weltmeisterschaft zu qualifizieren, an der Ford zwischen 1993 und 1998 teilnahm - Beiwerk waren ein paar straßenzugelassene Exemplare. Unter der Haube steckte ein Zweiliter-Vierzylinder-Cosworth-Turbomotor, der 227 PS entwickelte und nach Überwindung des Turboloches für einen Schlag im Nacken sorgte. Basis war der Sierra Cosworth, denn der größere Cosworth-Motor und das Getriebe mussten ja irgendwie untergebracht werden. Die Karosserie glich allerdings dem Escort Mk V. Das Motormanagement wurde im Vergleich zum Sierra modifiziert und ein neuer Turbolader eingebaut. Der Wagen besaß permanenten Allradantrieb, 34 Prozent der Kraft wurde an die Vorderräder geleitet, der Rest an die Hinterräder. Recaro-Sportsitze gehörten zur Serienausstattung. Spätere Serienmodelle waren ohne den übergroßen Heckspoiler erhältlich, die meisten Kunden wollten ihn allerdings haben. Der Escort RS Cosworth war übrigens das erste „Massenauto“, das bei 180 km/h einen Abtrieb von 45 Newton vorne und 190 Newton hinten aufbrachte.

**Technische Daten**

**Bauzeit:**
1992-1996

**Motorbauart**
Vierzylinder-Turbo

**Hubraum (cm³)**
1993

**Leistung (PS):**
227

**Vmax (km/h):**
237

## Ford Scorpio

Natürlich ist der Wagen Kult - wer Augen besaß wie einst Marty Feldmann, darf im Kultbuch nicht fehlen. Immerhin muss man zugeben: Es wurde viel diskutiert über das Design des Scorpio der zweiten Generation. Das Styling entstand erstmals vollständig am CAD/CAM-Rechner - was da schiefgelaufen ist, lässt sich nicht mehr eruieren. Die Frontscheinwerfer saßen jeweils ganz außen, in der Mitte grinste ein Grill in die Gegend - das war vielleicht zu amerikanisch für die konservative deutsche Kundschaft. Auch am Heck gab es Einiges zu mäkeln - der große runde Hintern, zerteilt von einem merkwürdigen Leuchtenband, traf ebenfalls nicht den Geschmack der üblichen Ford-Käufer. Die Kombiversion lief besser, bot aber auch einen riesigen Kofferraum mit einer klassischen Klappe hinten. Anfangs gab es die Wahl zwischen vier Motorenstärken: 116, 147, 207 Benziner-PS und ein 125 PS starker Diesel.

**Technische Daten**

**Bauzeit:**
1994-1998

**Motorbauart:**
Vierzylinder, V6, Vierzylinder-Turbodiesel

**Hubraum (cm³):**
1998-2935

**Leistung (PS):**
116-207

**Vmax (km/h):**
198-225

## Ford Ka

Es war ein guter Marketing-Coup, als James Bond in „Ein Quantum Trost“ 2008 in einen Ford Ka stieg. Da war das Kleinwagenmodell aus Köln allerdings schon recht rundgelutscht – kultig war eher die Urversion, bei der man nie wusste, ob man über sie lachen oder weinen sollte. Der Ka der ersten Generation besaß technisch keine Besonderheiten, basierte auf dem Fiesta und kam mit nicht viel Kraft daher. Bemerkenswert war das Sondermodell „Kugel-Ka“, das in Zusammenarbeit mit dem Künstler HA Schult entstand. Die Seiten von 50 Autos wurden per Airbrush mit Schults Weltkugel verziert, ein Kunstobjekt in Form eines teililluminierten Globus, das zunächst auf einem Brückenpfeiler der Kölner Severinsbrücke stand und später auf dem Dach eines Versicherungsgebäudes am Kölner Rheinufer Platz fand. Der Schaltknauf des Kugel-Ka war eine in Kunstharz gegossene Miniatur der Schult'schen Weltkugel. 2003 komplettierte ein Sportka mit 95 PS das Portfolio.

**Technische Daten**

**Bauzeit:**
1996-2008

**Motorbauart**
Vierzylinder,

**Hubraum (cm³)**
999-1599

**Leistung (PS):**
50-95

**Vmax (km/h):**
147-174

## Ford Puma

**Technische Daten**

**Bauzeit:**
1997-2001

**Motorbauart:**
Vierzylinder

**Hubraum ($cm^3$):**
1388-1679

**Leistung (PS):**
90-125

**Vmax (km/h):**
180-203

Mit einer netten Computerspielerei versuchte Ford 1997, ihren neuen Mitbewerber im 2+2-Segment an den Mann zu bringen: Kein Geringerer als Steve McQueen düste mit dem neuen Ford Puma virtuell durch San Francisco. Und wollte damit eine gewisse Schwimmqueen namens Franziska von Almsick schlagen, die im Hauptkonkurrenten Opel Tigra unter einer verstopften Kreuzung durchtauchte. Sonst wurde großer Aufwand vermieden: Basis war der Ford Fiesta, und der Puma purzelte vom gleichen Band wie der Gen-Geber. 80 Prozent Gleichteile sorgten für magere Entwicklungskosten von gerade mal 120 Millionen Mark. Trotzdem kam der Puma mit einer knackigen Schaltung, straffem Fahrwerk, guten Sportsitzen und 125 bissigen PS. Heute gibt es wieder einen Puma. Der aber ist – mit Verlaub – ein relativ langweiliger Klein-SUV.

## Ford Cougar

**Technische Daten**

**Bauzeit:**
1998-2002

**Motorbauart:**
Vierzylinder, V6

**Hubraum ($cm^3$):**
1998, 2544

**Leistung (PS):**
130, 170

**Vmax (km/h):**
195, 225

In den 90er Jahren war es schlicht „in“, ein Sportcoupé im Portfolio zu haben – Ford probierte das unter anderem mit dem Cougar, der auf Basis des amerikanischen Ford Contour entwickelt wurde. In den USA lief er unter dem Markennamen Mercury, bei uns wurde es ein Ford. Die Presse witzelte „aufgetauter Capri, aufgeblühter Probe, aufgepumpter Puma, aufgepeppter Mercury, aufgemotzter Mondeo“. Tatsächlich sollte der Cougar vom verunglückten Probe ablenken und noch ein bisschen Glamour vom Capri mitnehmen. 70 Prozent der Teile waren identisch mit denen vom Mondeo, trotzdem gab sich das Auto optisch recht eigenständig. Die Lenkung war direkter, die Karosserie steifer, das Fahrwerk sportlicher, das Interieur wertiger. Nur ein Vier- und ein Sechszylinder waren im Angebot, der V6 arbeitete unter anderem auch im Ford Mondeo und im Jaguar X-Type. Etwa 230.000 Stück wurden produziert. Alle besaßen eine große Heckklappe, hinter der sich mit maximal 930 Litern überraschend viel Stauraum befand.

## Ford Focus

Der VW Golf hatte viele Gegner - Ford versuchte es mit dem Focus als Nachfolger des Escort. Das Massenauto war von Ford of Europe für den europäischen Markt entwickelt worden, aber auch in Amerika kam das Auto als Limousine und Kombi gut an. In den Jahren 2000 und 2001 war der Ford Focus sogar das weltweit meistverkaufte Auto. Mit viel Tamtam warb Ford für sein „New-Edge-Design", was sich besonders durch scharfe Züge und Schnitte auszeichnete. Nach ständigen Verbesserungen und natürlich auch diversen Dieselvarianten gab es 2002 eine Erdgasversion. Top-Modell war ab 2002 der Focus RS mit 215 PS. Nur 4501 Stück wurden davon gebaut, die jugendlich gebliebenen Kunden aber waren happy. 2003 war der herrlich wilde RS-Spuk leider erstmal vorbei. Ende 2022 verkündete Ford Europa übrigens, sich völlig aus den niederen Klassen des Autobaues zurückzuziehen. Damit sind die Zeiten eines Focus und aller seiner gleichnamigen Nachfolger gezählt.

**Technische Daten**

**Bauzeit:**
1998-2004

**Motorbauart**
Vierzylinder,
Vierzylinder-Turbo,
Vierzylinder-Turbodiesel

**Hubraum (cm³)**
1388-1988

**Leistung (PS):**
75-215

**Vmax (km/h):**
171-232

## Honda NSX

**Technische Daten**
**Bauzeit:**
1990-2005
**Motorbauart:**
V6
**Hubraum (cm³):**
2977, 3179
**Leistung (PS):**
274-280
**Vmax (km/h):**
270, 280

Auch Japaner konnten früh klotzen statt kleckern - Honda zeigte das 1990 mit seinem „New Sportscar Experimental," kurz NSX. Wie Ferrari nutzte Honda bei dem Supercar Formel 1-Technologie wie Titanpleuel, variable Ansaugregelung und die durch Öldruck regulierte Ventilsteuerung und die besten Sportwagenzugaben wie Mittelmotoranordnung. Mit 274 PS aus einem V6 lag der NSX zu seiner Zeit ganz weit vorne, der Porsche 911 bot da „nur" 250 PS. Das ließ den Sprint in 5,9 Sekunden und eine Höchstgeschwindigkeit von rund 270 km/h zu. Das Auto wog nur 1362 Kilo, die zweite Serie legte mit 1388 Kilo nur ein bisschen Fett zu - sowie ein bisschen Kraft (jetzt 280 PS) und ein bisschen Hubraum. 1990, im Jahr der weltweiten Markteinführung, wurde das Auto vom „Automobile Magazine" als „Automobile of the Year", vom Industrial Designers Institute als „Design of the Year" und von der Zeitschrift „Road & Track" als „eines der zehn besten Autos der Welt" ausgezeichnet. Ab 1995 folgte eine Version mit einem rausnehmbaren Dachteil. Rund 85.000 Mark waren bei der Einführung des Honda NSX fällig.

## Honda CRX Del Sol

1992 kamen die Japaner mit einer tollen Idee: dem CRX del Sol auf Basis des Civic. Den CRX gab es als Sportcoupé schon seit 1983, und die zweite Generation kam auch schon gut in Deutschland an, aber der Del Sol kam erst 1992 und erstmals mit einem rausnehmbaren Dachteil und einer elektrisch einfahrbaren Heckscheibe. Zum Öffnen des Dachs, das aus Aluminium bestand, wurde der Kofferraumdeckel elektrisch über die Höhe des Überrollbügels angehoben und dann das Dach mit einer Hebe-Zieh-Vorrichtung über den Überrollbügel in den Kofferraumdeckel eingezogen, der dann wieder nach unten fuhr. Das funktionierte aber nur im Stand und recht langsam. Aber zu jener Zeit war das State of the Art und damit echt cool. Zuerst gab es nur die starke Variante mit 170 PS starkem VTEC-Motor, später kam eine sanftere Version mit 130 PS hinzu.

**Technische Daten**

**Bauzeit:**
1992-1998

**Motorbauart**
Vierzylinder

**Hubraum (cm³)**
1590

**Leistung (PS):**
130, 170

**Vmax (km/h):**
190, 210

## Honda Integra Type R

**Technische Daten**
**Bauzeit:** 1998-2001
**Motorbauart:** Vierzylinder
**Hubraum (cm³):** 1797
**Leistung (PS):** 190
**Vmax (km/h):** 234

Es kam nicht oft vor, dass ein Modell in Deutschland ausnahmslos als Powerversion angeboten wurde - Honda hatte das mit dem Integra Type R getan. Das 2+2-Coupé gehörte zu der dritten Generation des Integra, deren erste beiden Serien nicht nach Deutschland exportiert wurden. Das Auto machte nie einen Hehl aus seiner Bestimmung, entweder Rennen zu fahren oder zumindest außerordentlich sportlich bewegt werden zu wollen. Optisch wurde er beflügelt von Spoilern vorne und hinten. Die mehr als reine Blickfänge waren - sie verbesserten den Abtrieb um 30 Prozent. Die Karosserie war verstärkt worden, das Fahrwerk extrem sportlich ausgelegt. Das Herz war ein Vierzylinder-Saugmotor, der 190 PS erzeugte - das war genug für das mit rund 1200 Kilo recht leichte Auto, um Eindruck (bei wem auch immer) zu schinden. 2001 kostete der Wagen in Deutschland 47.580 Mark. Übrigens: In Japan gab es den Wagen auch mit nur 1080 Kilo und runden 200 PS.

## Honda S2000

**Technische Daten**
**Bauzeit:** 1999-2009
**Motorbauart** Vierzylinder
**Hubraum (cm³)** 1997
**Leistung (PS):** 241
**Vmax (km/h):** 240

Schon der Honda S800 war eine tolle Überraschung - der „Nachfolger" oder spätere große Bruder S2000 ebenfalls. Die erste Präsentation erlebte der S2000 auf der Detroit Motor Show im Januar 1999. Noch im gleichen Jahr wurde er von 17 Automobiljournalisten aus zehn Ländern zum „Cabrio des Jahres" gewählt. Auch der bis zu 9000 Umdrehungen fähige Vierzylinder-Sauger mit 241 PS, die einzige Antriebsoption, holte sich seine Meriten: Er gewann fünf Jahre in Folge von 2000 bis 2004 den „International Engine of the Year Award" in der Klasse von 1,8 bis zwei Liter. Da der S2000 auch dazu dienen sollte, das 50jährige Firmenjubiläum Hondas zu feiern, wurde ein sehr hoher konstruktiver Aufwand betrieben. Die Triebwerke wurden von Hand montiert und mit zahlreichen handpolierten und -angepassten Bauteilen versehen, beispielsweise den Ansaugkanälen. Seine hohe spezifische Leistung erreichte der S2000 durch hohe Drehzahlen. Der Drehzahlbegrenzer setzte erst bei über 9000 U/min ein. Mit einem S2000 wurde 2003 beim 24-Stunden-Rennen auf dem Nürburgring der 10. Platz erreicht. Kein Wunder, denn seine für einen Roadster ungewöhnlich verwindungssteife Karosserie machte das Auto auch für Rennsporteinsätze interessant. Der Honda S2000 errang zusätzlich mehrere Klassensiege im Langstreckenpokal. Bis Ende 2008 waren rund 110.000 Exemplare verkauft worden, davon gut 4500 in Deutschland.

## Honda Insight

Ende der 1990er Jahre begann die Zeit der Hybridautos - einer der ersten Hersteller, der damit auf die Straße kam, war Honda. Der zweisitzige und knapp vier Meter lange Insight mit drei Türen von 1999 kombinierte einen Einliter-Dreizylinder mit einem Elektromotor. Der Verbrauch sollte 3,4 Liter auf 100 Kilometer betragen haben - in Zeiten der aufkommenden Klimadiskussion war das ein sehr guter Wert. Der Insight war das erste massenproduzierte Hybridauto, das in den USA verkauft wurde. Etwa 12.000 Stück wurden hergestellt, rund 100 erreichten Deutschland. Bei uns wurde das innovative Auto allerdings nie offiziell verkauft. Schade, denn die Technik konnte eine Menge: Rekuperieren, als Range Extender fungieren und auch noch spacig aussehen mit dem Fließheck aus Glas. Die Karosserie bestand übrigens aus Aluminium, was das niedrige Gesamtgewicht von etwas mehr als 800 Kilo begünstigte. 2009 folgte die zweite Generation, allerdings dann schon in der Kompaktklasse angesiedelt.

**Technische Daten**

**Bauzeit:**
1999-2006

**Motorbauart:**
Dreizylinder, E-Motor

**Hubraum (cm³):**
995

**Leistung (PS):**
68

**Vmax (km/h):**
180

**Technische Daten**
**Bauzeit:** 1996-1999
**Motorbauart:** Vierzylinder
**Hubraum (cm³):** 1599, 1975
**Leistung (PS):** 114-139
**Vmax (km/h):** 193, 200

## Hyundai Coupé

Nein, schön war das Hyundai Coupé nie. Barockes Design, mit bis zu 139 PS aus einem Zweiliter-Vierzylinder keine besondere Power unter der Haube - und trotzdem machte die damals noch junge koreanische Firma auf dem deutschen Markt auf sich aufmerksam. So etwas Sportliches hatte man Hyundai nicht unbedingt zugetraut, rollten doch bemüht sonst Straßenbarrieren wie Hyundai Atos oder Excel über den Asphalt. Fans konnten den Wagen mit besagten 139 PS aus einem 1.8-Liter-Motor haben oder, ab Mitte 1997, eine 1.6-Liter-Version mit 114 PS.

## Isdera Commendatore 112i

**Technische Daten**
**Bauzeit:** 1993-1994
**Motorbauart:** V12
**Hubraum (cm³):** 5987, 6900
**Leistung (PS):** 408, 620
**Vmax (km/h):** 342

Okay, es ist ein Einzelstück - aber was für eines! Die Rede ist vom Isdera Commendatore 112i. Der frühe Supersportwagen trug zuerst einen Sechsliter-V12 mit 408 PS aus der Mercedes S 600 Limousine und dem S 600 Coupé (W 140 und C 140), später einen 6.9-Liter-V12 mit 620 PS. Optisch auffällig: Der auf dem Dach angebrachte Außenspiegel, in den man durch ein Glas im Dach schauen kann. Der Commendatore wurde 1993 auf der IAA in Frankfurt vorgestellt und sollte rund 800.000 Mark kosten. Dafür bekam man eine GfK-Karosserie samt Flügeltüren auf einem Gitterrohrrahmen. Getrag spendierte das Sechsganggetriebe, der Porsche 968 die Scheinwerfer, Bilstein das Fahrwerk. Die Energievernichtung übernahmen Bremsen von Brembo. Dazu ein Heckspoiler, der sich beim Verzögern bis zu 80 Grad aufstellte. Kult!

## Jaguar XJR-15

Der Jaguar XJR-15 wurde von Peter Stevens designt und vom Tausendsassa und TWR-Gründer Tom Walkingshaw realisiert – zu dem Zweck, um mit ein paar straßentauglichen Versionen des Gruppe-C-Renners XJR-9 auch außerhalb des Motorsports zu glänzen. Vom Racer blieben die Bodengruppe, das Kohlefaser-Monocoque, die Einzelradaufhängung mit doppelten Querlenkern und der Sechsliter-V12 mit 450 PS. Drumherum buken die Verantwortlichen eine Karosserie aus Carbon. Der Supersportler rannte so bestückt in 3,9 Sekunden von 0 auf 100 km/h, bei passender Übersetzung waren 305 km/h möglich. Innen herrschte edler Purismus mit Kohlefaser- und Kevlar-Einlagen. Der Pilot rührte in einem zivilen Fünfganggetriebe statt in sechs Renngängen. Das Auto besaß Blinker, dazu mehr Bodenfreiheit und profilierte Reifen im Vergleich zum Rennwagen. Basispreis: mehr als 500.000 Pfund. 51 Stück beider Kategorien entstanden.

**Technische Daten**

**Bauzeit:**
1991

**Motorbauart**
V12

**Hubraum (cm³)**
5993

**Leistung (PS):**
457

**Vmax (km/h):**
305

## Jaguar XJ220

**Technische Daten**

**Bauzeit:**
1992-1994

**Motorbauart**
V6-Biturbo

**Hubraum (cm³)**
3498

**Leistung (PS):**
542

**Vmax (km/h):**
349

Ausgerechnet eine Gruppe von Jaguar-Workaholics ersann in der Freizeit mit Hilfe des südafrikanischen Designers Keith Helfet das Supercar XJ220. Wobei die 220 für die erhoffte Höchstgeschwindigkeit von 220 Meilen pro Stunde (350 km/h) stand. Der 5,14 Meter lange, 1550 Kilo schwere Prototyp erhielt einen 6,2-Liter-V12-Sauger als Mittelmotor unter die Haube, der für 580 PS und 550 Newtonmeter sorgte. Das sollte für 330 km/h reichen. Und damit die Reifen die Power aushalten, steckte ein Allradsystem unter der Alu-Karosserie. Die Türen öffneten nach oben, innen passten drei Menschen hinein – nebeneinander. Tatsächlich beschloss die Firmenleitung den Serienbau – allerdings geriet der Prototyp zu groß, zu schwer und zu kompliziert. Tom Walkingshaw, der den Wagen letztlich in Kleinserie realisieren sollte, sparte überall: V6-Biturbo statt V12, Karosserie minus 25 Zentimeter, Allradantrieb raus, ein Sitz raus. Gewicht jetzt: 1350 Kilo. Dafür: Vollederausstattung, Glasdach, Klimaanlage, Soundsystem. Martin Brundle schraubte trotz allem die Top-Speed in Nardo auf 349,4 km/h. Damit war der XJ220 das schnellste Serienfahrzeug der Welt zu seiner Zeit. Ein Exemplar kostete in Deutschland rund eine Million Mark. Letztlich wurden außer zehn Prototypen bis zum Produktionsende im Dezember 1993 nur rund 275 Stück gebaut.

## Jaguar XJ6/XJ12 (X300)

Schon lange hatte uns Jaguar erfreut mit den flachen und fließenden Linien der XJ-Baureihe - auch die 1994 vorgestellte Version sollte wieder schön werden. Intern X300 genannt zeigte sich die fünfte Generation des Jaguar XJ besonders im Bereich von Scheinwerfern, Stoßfängern, Türgriffen und Heckleuchten modernisiert. Die gesamte Karosserie wurde zeitgemäß rundlicher gestaltet, ohne ihre Faszination zu verlieren. Unter den Hauben arbeiteten Sechszylinder-Reihenmotoren mit anfangs 3,2 und vier Litern Hubraum, stärkstes Modell war der mit Kompressor beatmete XJR mit 320 PS. Auch einen edlen XJ12 mit V12 gab es, der lag mit 311 PS allerdings etwas unter dem Sport-R. Schon 1997 gab es eine Weiterentwicklung mit dem X308.

**Technische Daten**

**Bauzeit:**
1994-1997

**Motorbauart**
Reihensechszylinder, V12

**Hubraum (cm³)**
2720-5993

**Leistung (PS):**
211-320

**Vmax (km/h):**
222-250

**Technische Daten**

**Bauzeit:**
1996-2002

**Motorbauart:**
V8, V8-Kompressor

**Hubraum (cm³):**
3996

**Leistung (PS):**
284, 363

**Vmax (km/h):**
250

## Jaguar XK8 Coupé/Cabriolet, XKR

Endlich ein Nachfolger des erfolgreichen E-Type? Zumindest etwas mehr als nur ein GT, wie der XJS, war der Jaguar XK8, der als Coupé und Cabriolet die Fans erfreute. Tatsächlich schien er vorne Zähne zu zeigen mit den beiden „Dämpfern" auf einer verchromten Querstrebe, die natürlich auch an den Grill des E-Type erinnerten. Es gab zunächst nur einen Motor unter der Haube, und zwar den V8-Sauger mit 284 PS. In Sachen Verkauf geriet der XK8 im Jahr 1998 zum erfolgreichsten Sportwagen von Jaguar seit Gründung der Marke. Damit das so bleiben sollte, stärkten die Briten ihre Katze in jenem Jahr noch zusätzlich und nannten sie „XKR". Dort arbeitete ein Vierliter-Achtzylinder mit einem Kompressor unter der Haube, was 363 PS bedeutete. Damit war der XKR bis dato der schnellste Serienjaguar aller Zeiten. In 5,5 Sekunden sprintete man von 0 auf 100 km/h, das Top-Tempo war bei 250 km/h abgeregelt. Zwei Golfbags plus Zubehör passten in den Sportler, den es auch als Cabriolet gab. Preise 1998: 141.200 Mark fürs Coupé und 156.300 Mark fürs Cabrio. Von 2002 bis 2005 gab es überarbeitete Versionen, die noch ein bisschen stärker waren. Das XK8 Cabrio fand die meisten Abnehmer, davon verkaufte Jaguar fast 47.000 Stück, das Coupé wurde knapp 20.000 mal verkauft. Auch beim XKR gewann das Cabrio mit gut 14.000 Exemplaren, das Coupé fand immerhin fast 10.000 Liebhaber.

## Jaguar S-Type

Als echte Alternative zu Fünfer-BMW und Mercedes E-Klasse brachte Jaguar (zu jener Zeit im Besitz von Ford) den S-Type auf den Markt - nicht ohne sich vorher zu versichern, das S nutzen zu können (wegen der Mercedes S-Klasse). Historisches Vorbild fürs Design: Der Jaguar Mark II - eine Sportlimousine aus den 1960er Jahren mit bis zu 220 PS. Vom Mark II wurden besonders Kühlergrill und Rundscheinwerfer übernommen. Der S-Type war ausschließlich als viertürige Limousine erhältlich, genauso wie der Bruder der Technik, der Lincoln LS, der auf der gleichen Plattform saß. Zunächst gab es nur einen 238 PS starken Dreiliter-V6 und einen 276 PS starken Vierliter-V8 als Antrieb, später gesellten sich ein 200 PS starker V6, die Powerversion R mit 395 PS starkem Kompressor-V8 und ein V6-Turbodiesel mit 207 PS hinzu - das passierte aber erst in den 2000ern.

**Technische Daten**

**Bauzeit:**
1999-2007

**Motorbauart:**
V6, V6-Biturbo, V8, V8-Kompressor

**Hubraum (cm³):**
2497-4196

**Leistung (PS):**
200-395

**Vmax (km/h):**
225-250

# Der Tempo-Rekord des Jahrhunderts

Rekorde gibt es auch in den 1990er Jahren immer mal wieder, aber einer sticht alle anderen aus: Der britische RAF-Pilot Andy Green knackt mit einer Rakete auf Rädern namens Thrust SSC am 15. Oktober 1997 die Schallgeschwindigkeit. Er fuhr genau 763,035 Meilen pro Stunde, das sind 1266 km/h oder Mach 1,0175. Damit sichert sich Green den Titel des schnellsten Mannes auf der Erde. Wir treffen ihn 2023 in Kalifornien.

*Was ist Ihre persönliche Definition von Speed?*

**Green:** Tempo muss immer im Kontext gesehen werden. Wir reisen alle im Flieger mit rund 900 km/h – in 10.000 Metern Höhe mit nur Luft drumherum fühlt sich das an wie eine Reise in der heimischen Limousine. Es kommt also drauf an, ob man Tempo kontrollieren, manipulieren und trainieren kann.

*Muss man Gefahr lieben, um Landgeschwindigkeitsrekorde aufzustellen?*

**Green:** Nein. Es ist ja nicht deswegen gleich gefährlich, weil man es tut. Es wird gefährlich, wenn man Probleme bekommt. Der Trick ist, zu wissen, wie man Tempo sicher macht.

*Was treibt Sie?*

**Green:** Die Menschheit liebt es, Grenzen zu verschieben, Sachen zu tun, die andere noch nie getan haben. Sei es auf den höchsten Berg zu klettern, zum tiefsten Punkt der Meere zu tauchen, ins All zu fliegen oder im Motorsport immer schneller zu werden. Alles, was vorher noch nicht erreicht wurde, ist interessant. Der Mensch will die Grenzen der Technologie ausloten. Für mich ist es natürlich ein großes Privileg, den Landgeschwindigkeitsrekord gefahren sein zu dürfen, denn dieser Rekord gibt Millionen Menschen das Gefühl: Wow, amazing! Es ist ein Teil von dem, was das Leben von jedem reich und interessant macht.

## Andy Green
# MY LIFE IN CARS

**1982** Ford Escort Mk 1
**1988** Porsche 944
**1997** Thrust SSC
**2001** Harley-Davidson Road King
**2015** Jaguar F-type
**2017** Bloodhound SSC

## Mein Traumauto ... würde fliegen können

*Worauf kommt es in so einem Rekordauto an?*

**Green:** Es geht hauptsächlich darum, schnell schnell zu werden, schnell wieder abzubremsen und das Fahrzeug jederzeit am Boden halten zu können. Besonders Letzteres ist eine sehr unübliche Kontroll-Anforderung. Im Land Speed Record Car ist genau das die große Herausforderung - die Aerodynamik und die Lasten zu kontrollieren.

*Jetzt wollen sie das Limit noch einmal toppen mit dem Tempo von 1000 Meilen pro Stunde.*

**Green:** Dazu brauchen wir zum Beispiel die stärksten Räder aller Zeiten. Die müssen zehntausendmal die Minute drehen, die g-Kräfte werden unglaublich sein. Wir wissen auch nicht genau, was mit dem menschlichen Körper in dem Auto passiert. Wir sind dabei, das Projekt neu anzukurbeln. Die Raketenmotoren sollen dabei mit synthetischem Benzin befeuert werden, wir planen einen Null-$CO_2$-Raketenmotor.

*Was fährt der schnellste Mann der Welt für ein Alltagsauto?*

**Green:** Nichts Aufregendes - es ist ein Standard-SUV. Ich erzähle lieber von meinem liebsten Auto: Das ist ein Stanley Steamer von 1904. Damit fahre ich immer den jährlichen, etwa 100 Kilometer langen London-Brighton-Run für Autos bis Baujahr 1904. Das ist mein Hobby - auch wenn das Auto sehr langsam ist.

## Jeep Grand Cherokee

**Technische Daten**

**Bauzeit:**
1993-1998

**Motorbauart:**
Reihensechszylinder, V8, Vierzylinder-Turbodiesel

**Hubraum (cm³):**
2499-5898

**Leistung (PS):**
116-245

**Vmax (km/h):**
160-180

Der Grand Cherokee wurde 1992 mit großem Tamtam auf der North American International Autoshow in Detroit vorgestellt. Der damalige Chrysler-Präsident Robert A. Lutz fuhr den Bürgermeister von Detroit, Coleman Young, die Stufen der Cobo Hall hinauf und durch ein Glasfenster, um das neue Produkt entsprechend zu präsentieren. Tatsächlich konnte das Auto eine Menge, was auch die Fachjournalisten erkannten: Die Modelle mit V8 standen 1993 auf der Liste der „10 Besten Autos“ der Zeitschrift „Car and Driver“ und er wurde „Truck of the Year“ der Zeitschrift „Motor Trend“. Das Modell gewann insgesamt dreimal den hoch angesehenen Preis 4x4 of the Year der Zeitschrift „Petersen‘s 4-Wheel & Off-Road“, nämlich in den Jahren 1993, 1996 (nach der Einführung des neuen Vorgeleges) und 1998 für den Limited 5.9. Das einfachste Modell besaß Stoffsitzbezüge und ein manuelles Fünfgang-Getriebe. Ein hoher Preis führte allerdings zu schwachem Kundeninteresse und damit zu geringen Stückzahlen und dies wiederum zur Einstellung des Grundmodells. „Laredo“ übernahm die Basisarbeit, „Limited“ war das Spitzenmodell. Am stärksten war der Limited 5.9 im Jahr 1998 gefertigt. Angetrieben mit dem 245 PS starken 5.9-Liter-Mangum-V8, beschleunigte der Geländegänger in 7,3 Sekunden von 0 auf 100 km/h, was ihn zum schnellsten SUV des Jahres machte.

## Kia Sportage

Mit dem Typ JA, der zweiten Generation des Sportage, stieg Kia in den höherwertigen Geländewagenmarkt ein. Ab September 1994 war der Sportage auch in Deutschland zu haben. Für den europäischen Markt wurde der Sportage zunächst in Südkorea, später beim deutschen Fahrzeughersteller Karmann in Osnabrück gefertigt. Er verfügte über das gleiche Chassis wie der südkoreanische Militärjeep, der als zivile Version in Deutschland kurzzeitig unter der Bezeichnung Retona erhältlich war. Ab Herbst 1998 wurde der Sportage wieder in Südkorea produziert, 1999 wurde die Karosserieform überarbeitet. Der erste Kia Sportage war ausschließlich mit zuschaltbarem Allradantrieb und einer Geländeuntersetzung erhältlich. Man konnte ihn mit drei oder fünf Türen bekommen und sogar mit Softtop über den Fondsitzen.

**Technische Daten**

**Bauzeit:**
1994-2002

**Motorbauart**
Vierzylinder

**Hubraum (cm³)**
1998, 2184

**Leistung (PS):**
62-128

**Vmax (km/h):**
130-172

## Kia Elan

**Technische Daten**
**Bauzeit:** 1996-1999
**Motorbauart:** Vierzylinder
**Hubraum (cm³):** 1793
**Leistung (PS):** 153
**Vmax (km/h):** 197

80.000 Mark für einen Roadster? Nicht mit uns, sagten viele Kunden zu Lotus Elan - und zogen andere Marken vor. Mitte der 1990er Jahre wurde der Elan schließlich in Rente geschickt. Kia sicherte sich die Werkzeuge, um den Roadster unter eigenem Namen auf die Straße zu bringen. Das Design blieb bis auf veränderte Rückleuchten erhalten. Zudem ersetzte ein von Kia entwickelter 1,8-Liter-Benziner mit 153 PS den bisherigen Isuzu-Antrieb mit 135 PS. Rund 800 Stück sollen produziert worden sein.

## Lamborghini Diablo SV, VT, GT

Selbst ein Countach brauchte mal einen Nachfolger - also her mit dem Diablo, der von Anfang an der schnellste Serienwagen der Welt werden sollte. 1990 gab es zuerst den Diablo SV (Sport Veloce) mit Hinterradantrieb. Im Jahr 1993 kam der allradgetriebene Diablo VT (für Visco Traction) hinzu, der via Viscokupplung 25 Prozent der Kraft auf die Vorderräder abgab. 1995 öffnete Lamborghini den Diablo und hatte damit auch einen Roadster im Programm. Zunächst wurde der 5.7-Liter-V12 mit 492 PS eingebaut. Eine große Modellpflege erreichte den Diablo im Jahr 1999. Mit dem Sechsliter-V12, der 575 PS bei 7300 Umdrehungen leistete, waren 338 km/h möglich. Der Sprint wurde in sagenhaften 3,8 Sekunden erledigt. Die fünf Gänge wurden in offener Kulisse gewählt, der erste lag sportlich links unten, der fünfte rechts unten. Platz gab es nicht - das rechte Ohr hatte ständig Kontakt mit dem linken Dachholm. Für das Design des Fahrzeugs war der Miura- und Countach-Schöpfer Marcello Gandini verantwortlich. Als Audi 1998 Lamborghini übernahm, gab es ein Jahr später ein Facelift, 1999 folgte die GT-Variante, die gleich die schnellste Serien-Variante eines Lamborghinis wurde. 575 PS arbeiteten vor der Hinterachse, ein manuelles Sechsganggetriebe brachte die Kraft an die Hinterräder. In 3,9 Sekunden sprintete er auf 100 km/h, erst bei 325 km/h war Schluss mit Vortrieb. Nur 80 Stück wurden gebaut. In elf Jahren Diablo wurden es immerhin insgesamt rund 3000 Exemplare.

**Technische Daten**

**Bauzeit:**
1999-2001

**Motorbauart**
V12

**Hubraum (cm³)**
5707, 5992

**Leistung (PS):**
492-575

**Vmax (km/h):**
300-325

## Lancia Delta

**Technische Daten**
**Bauzeit:** 1993-1999
**Motorbauart:** Vierzylinder, Vierzylinder-Turbo, Vierzylinder-Turbodiesel
**Hubraum (cm³):** 1581-1995
**Leistung (PS):** 90-193
**Vmax (km/h):** 180-225

Der Delta der zweiten Generation war technisch nahe verwandt mit dem Coupé Fiat, aber auch mit dem Alfa 145 und stand auf der Tipo-Plattform. Er kam zunächst als Fünftürer. Dafür sah der HPE genannte Dreitürer ganz anders aus und fuhr sich auch anders. Das Design stammte von Ercole Spada und dem Centro Stile Lancia. Der Nuova Delta zeigte in einigen Details deutliche Ähnlichkeiten mit dem 1983 eingestellten Alfa Romeo Alfasud, als dessen Wiederbelebung er von einigen Kennern wahrgenommen wurde. Zu Beginn war der Delta ausschließlich als Fünftürer erhältlich. Zu den Modelljahren 1996 und 1998 nahm Lancia jeweils kleinere Facelifts vor. Unter der Haube arbeiteten Reihenvierzylinder aus dem Fiat-Regal. Alle Modelle hatten ausschließlich Frontantrieb. Besonders sportlich fielen die HF-Versionen aus, die zuerst von 186 PS, später von 193 PS angetrieben wurden. Im August 1999 wurde die Produktion eingestellt, nachdem weniger als 140.000 Autos gebaut worden waren.

**Technische Daten**
**Bauzeit:** 1996-2003
**Motorbauart** Vierzylinder
**Hubraum (cm³)** 1108-1370
**Leistung (PS):** 55-86
**Vmax (km/h):** 150-177

## Lancia Y

Ein Kostüm von Armani, eine Handtasche von Prada, Schuhe von Gucci und ein Auto von Lancia - so stellten sich 1995 die Fiat-Marketingstrategen die moderne Frau vor. Sie hatte nichts gegen Luxus, verfügte über genügend Kleingeld und fuhr am liebsten hübsche Kleinwagen - zum Beispiel den neuen Lancia Y. Letztlich war nur das Design überraschend, denn unter dem Kleid lauerte ein Fiat Punto, die Motoren kamen aus dem Fiat-Regal. Man hoffte trotzdem, mehr Autos als vom Vorgänger in Deutschland zu verkaufen - vom Y10 gingen in zehn Jahren nur 51.000 Stück über den Ladentisch. 80 Prozent aller Käufer waren Frauen. Bis zu 910 Liter Handtascheninhalte konnte das Kofferraumabteil des Y schlucken, natürlich gab es Schminkspiegel hinter beiden Sonnenblenden. Einstiegspreis: 19.500 Euro.

**Technische Daten**

**Bauzeit:**
1994-2000

**Motorbauart:**
Vierzylinder-Turbo, Fünfzylinder, V6, Vierzylinder-Turbodiesel

**Hubraum (cm³):**
1998-2387

**Leistung (PS):**
136-220

**Vmax (km/h):**
200-235

## Lancia Kappa

Was war Lancia mal für eine große Marke - innovativ, edel, hochwertig. Unter dem Dach von Fiat litt sie allerdings - der Kappa war noch einer der letzten, der zurecht das Lancia-Logo an der Front trug. Das Modell der oberen Mittelklasse gab es als viertürige Stufenhecklimousine, fünftürigen Kombi und zweitüriges Coupé. Der Kappa trug den Namen eines großen Vorfahren, der von 1919 bis 1922 gebaut wurde. Der Nachfolger des Thema brauchte viel Entwicklungszeit, weil er möglichst ohne Probleme auf den Markt kommen sollte. Das Design war eher klassisch als modern, die Motorisierung ordentlich (Vier-, Fünf- und Sechszylinder sowie eine Turbodieselversion) und die Ausstattung gut. Der Kofferraum fasste gute 525 Liter. Neu: serienmäßig ein spezielles Kissen unter dem Fahrersitz als Geruchsneutralisierer, wirksam ein halbes Jahr - so lange, wie die frischen Kunststoffe ihren fragwürdigen Duft abgaben. Im Mai 1998 erfuhr die Kappa-Baureihe eine leichte Überarbeitung mit zwei neuen Motoren. Wirklich überzeugt hat er die deutschen Kunden trotzdem nicht. Besonders das gar nicht so hässliche Coupé wurde nur knapp 3300 Mal gebaut, insgesamt fanden nur 117.000 Kappa einen Käufer.

## Land Rover Discovery

**Technische Daten**

**Bauzeit:**
1989-2004

**Motorbauart**
VVierzylinder, V8, Vierzylinder-Turbodiesel

**Hubraum (cm³)**
1994-3947

**Leistung (PS):**
113-185

**Vmax (km/h):**
146-170

Ist der Discovery nun ein Kind der 80er oder eines der 90er? Beides - deswegen darf er hier mitspielen. Denn im Jahr 1986 entschied Land Rover, ein relativ preisgünstiges Modell zwischen dem bis 1990 nur als Land Rover bezeichneten Defender und dem Range Rover anzubieten und begann mit der Entwicklung eines Autos in der Preisklasse zwischen 35.000 und 50.000 Mark. Unverkennbares Stylingmerkmal: ein asymmetrisches Heck. Im Oktober 1989 kam er für 45.350 Mark auf den Markt. Einen Teil des Erfolges verdankte der Discovery seinem neuen 2,5-Liter-Turbodiesel mit 113 PS. Man konnte den Wagen allerdings auch anders motorisiert haben, bis zum V8 mit 182 PS. Bis Ende 1998 wurden gut 350.000 Discovery der ersten Serie verkauft. Der Discovery war zu dieser Zeit der meistverkaufte Land Rover und übertraf sogar den Defender. Das Modell richtete sich aber auch an eine andere Zielgruppe, da er gute Straßen- und Geländeeigenschaften vereinigte. Die zweite Generation lebte dann bis 2004: Der im November 1998 präsentierte Discovery Series II wurde von einem Leichtmetall-4,0-Liter-V8 mit 185 PS oder einem 2,5-Liter-Td5-Dieselmotor mit 139 PS angetrieben, beide natürlich mit serienmäßigem Allradantrieb.

## Land Rover Freelander

**Technische Daten**

**Bauzeit:**
1997-2006

**Motorbauart**
Vierzylinder, V6, Vierzylinder-Turbodiesel

**Hubraum (cm³)**
1786-2497

**Leistung (PS):**
98-177

**Vmax (km/h):**
155-182

Mit dem Freelander stellte Land Rover 1997 seinen ersten SUV vor, also die weichere und kleinere Variante eines Geländewagens, auch „Softroader" genannt. Er komplettierte das Portfolio nach unten und war ein voller Erfolg, Besonders das Design kam an - der SUV hob sich mit seiner markanten Linie deutlich vom herkömmlichen SUV-Styling ab. Er war in der ersten Generation als Dreitürer mit Soft- oder Hard-Top und als Fünftürer lieferbar. Ende 2003 wurde der Freelander optisch leicht überarbeitet. Die Motoren passten bestens zu dem kleinen Allradler, der immerhin 200 Zentimeter Bodenfreiheit besaß: 117 Benzin-PS für den Einstieg oder ein V6 mit 177 PS für den engagierteren Fahrer. Selbstzünder gab es mit 98, 109 und 112 PS. Als Nutzfahrzeug konnte der erste Freelander bis zu zwei Tonnen ziehen. Der Freelander war in seiner ersten Generation bis 2004 der meistverkaufte SUV in Europa und bis zu seinem Produktionsende im Herbst 2006 auch der meistverkaufte SUV in Großbritannien.

## Land Rover Range Rover

Im September 1994 präsentierte Land Rover die zweite Generation des Range Rover, intern P 38 genannt. Er war runder designt und machte einen großen Schritt vom Luxus-Offroader zum Luxus-SUV. Es war der erste Range Rover nach der Übernahme von Rover durch BMW. 1998 gab es ein Facelift - unter anderem erkennbar an weißen statt orangefarbenen Blinkergläsern. Drei Motoren standen zur Wahl - anfangs ein 3,9-Liter- und ein 4,6-Liter-V8, dazu ein Sechszylinder-Turbodiesel. Später wuchsen die Hubräume, die Leistung nahm allerdings ab. Der Nachfolger kam dann bereits mit BMW-Motoren.

### Technische Daten

**Bauzeit:**
1994-2002

**Motorbauart**
V8, Sechszylinder-Turbodiesel

**Hubraum (cm³)**
3947-4552

**Leistung (PS):**
136-226

**Vmax (km/h):**
162-200

## Lexus GS 300

**Technische Daten**
**Bauzeit:**
1991-1997
**Motorbauart**
Reihensechszylinder,
Reihensechszylinder-Biturbo
**Hubraum (cm³)**
2997
**Leistung (PS):**
212
**Vmax (km/h):**
230

Die Karosserie der ersten Generation des GS 300 war von Italdesign-Chef Giorgio Giugiaro designt und wurde zunächst als Toyota Aristo im Oktober 1991 in den japanischen Markt eingeführt. Zwei unterschiedliche Dreiliter-Sechszylinder-Reihenmotoren, einer mit zwei Turboladern, trieben das Auto an. Ab 1992 gab es auch einen V8-Motor mit Luftfederung und Allradantrieb, für die Export-Märkte war aber nur der Dreiliter-Einspritzer mit 212 PS verfügbar. Der GS sollte die Lücke füllen, die der LS hinterlassen hatte, nachdem dieser für die Oberklasse konzipiert war.

## Lexus IS200/IS300

**Technische Daten**
**Bauzeit:**
1998-2005
**Motorbauart:**
Reihensechszylinder
**Hubraum (cm³):**
1988, 2997
**Leistung (PS):**
155, 214
**Vmax (km/h):**
215, 230

Auch eine Edelmarke wie Lexus benötigte irgendwann jüngere Käufer - also musste man das passende Auto anbieten: den IS200. Die Mittelklasselimousine wurde zuerst nur mit Stufenheck angeboten, später kam eine Schrägheckversion dazu, genannt „Sportcross“. Beide wurden extra für Europa abgestimmt - was unter anderem bedeutete, dass die Qualität denen der großen Modelle gleichkam. Wie üblich war die Ausstattung ab Werk ziemlich komplett: Sechsganggetriebe, Klimatisierungsautomatik, große Alu-Räder mit Breitreifen, vier Türen, RDS-Kassettenradio mit CD-Player, sechs Lautsprecher, 400-Liter-Kofferraum, Zentralverriegelung mit Funkfernbedienung, elektrische Fensterheber und elektrisch verstellbare Außenspiegel, Klimatisierungsautomatik, automatische Scheinwerfer-Aktivierung, selbsttätig und stufenlos abblendende Innen- und Außenspiegel und natürlich ein 155 PS starker Sahne-Reihensechszylinder mit stufenlos variabler Ventilsteuerung VVT-i, Direktzündung DIS, Ansaugluftsteuerung ACIS und elektronischer Drosselklappensteuerung ETCS-i. Als IS300 gab es einen stärkeren Motor unter der Haube: Der Dreiliter-Sechszylinder leistete 214 PS.

## Lexus LS400

Der Lexus LS400 kam als zweite Generation des Oberklasse-Pkw. Der Wagen besaß den vier Liter großen V8 des Vorgängers mit auf 264 PS leicht erhöhter Leistung. Darüber hinaus war der Wagen 95 Kilo leichter als der Vorgänger und daher sowohl sparsamer als auch etwas besser in der Beschleunigung. 1995 war zwar das beste Verkaufsjahr der zweiten Generation, aber das Modell verkaufte sich deutlich schlechter sowohl gegenüber seinem Vorgänger als auch seinem Nachfolger. Die Gesamtproduktion lag bei etwa 114.000 Fahrzeugen. In Deutschland wurde der Wagen ab Frühjahr 1995 mit einem Grundpreis von 116.400 DM angeboten. Übrigens: Das „Wards AutoWorld Magazin“ wählte den Motor mit dem Kürzel 1UZ-FE von 1998 bis 2000 zu den zehn besten Motoren weltweit.

**Technische Daten**

**Bauzeit:**
1994-1997

**Motorbauart:**
V8

**Hubraum (cm³):**
3969

**Leistung (PS):**
245

**Vmax (km/h):**
250

## Lotus Elan (M100)

**Technische Daten**

**Bauzeit:**
1989-1995

**Motorbauart**
Vierzylinder,
Vierzylinder-Turbo

**Hubraum (cm³)**
1588

**Leistung (PS):**
132, 167

**Vmax (km/h):**
196, 220

Lotus komplettierte 1986 den Besitz von GM - wohl nur deshalb kam die zweite Generation des Lotus Elan (M100) mit Vorderradantrieb. Das war absolutes Novum bei Lotus. Als Motor arbeitete ein quer eingebauter 1,6-Liter-Isuzu-Motor samt Fünfganggetriebe. Aufwändig das Fahrwerk: doppelte Dreieckslenker vorne, Hinterräder an Doppelquerlenkern geführt. Das Auto war kurz, breit, gedrungen und stämmig mit einer riesigen Frontscheibe und einer engen zweisitzigen Karosserie. Das Verdeck verschwand bei der Öffnung in einer entsprechenden Höhle hinter den Sitzen. Der Motor leistete 132 PS oder 167 PS. Lotus war voller Hoffnung, dass der Elan für eine erneute Expansion sorgen würde, obwohl sich der Start des Fronttrieblers schleppend gestaltete. Auch der Verkauf in den USA lief schlechter als erwartet, und die Muttergesellschaft GM beendete daraufhin 1992 die Produktion. Kia ließ den Roadster 1996 kurz noch einmal aufleben

## Lotus Esprit V8, V8 GT

Im März 1996 debütierte der erste Lotus Esprit mit V8-Motor, den die Firma gleich mit zwei Turboladern bestückte. Das Ergebnis waren 354 PS, der Sprint wurde in 4,9 Sekunden erledigt. 280 km/h sollten möglich sein - ob sich das jemals jemand getraut und dafür in der Renault-Schaltbox gerührt hatte, ist nicht überliefert. 1997 erschien noch der gleichstarke V8-GT, also die GT3-Basis kombiniert mit dem V8-Motor. Thermische, Verarbeitungs- und andere Probleme machten dem Esprit Zeit seines Lebens selbiges schwer, trotzdem überlebte das Modell erstaunlich lange - bis zum Jahr 2003. Dann waren es zumindest in Europa vorrangig neue Seitenaufprallschutz-Normen, die dem tollen Keil das Weiterleben vermiesten. Zum Schluss kostete der V8-Esprit trotz vieler Qualitätsmängel mehr als 81.000 Euro. Falls man bestellte Optionen noch einmal ändern wollte, musste man allein dafür noch mal 450 Euro hinlegen ...

**Technische Daten**

**Bauzeit:**
1996-2003

**Motorbauart**
V8-Biturbo

**Hubraum (cm³)**
3506

**Leistung (PS):**
354

**Vmax (km/h):**
280

## Lotus Elise, Elise S

In Sachen Leichtbau war der Lotus Elise (oder besser: die Lotus Elise) im Jahr 1996 ein echtes Supercar: klein, mittelmotorig, völlig ohne Komfort und einem Kart so nah wie vielleicht gerade noch ein Caterham. Ok, billig waren die Serie 1 und auch die Nachfolger nie - aber ihr Geld absolut wert. Und wenn die Steinchen von der Straße gegen die dänische Aluminiumwanne als Basis der britischen Leichtigkeit klöterten, ging jedem Puristen das Herz auf. Anfangs gab es das Auto unter anderem mit Rover-Motor, der gerade mal 122 PS stark war, was aber bei einem Gewicht von 723 Kilo völlig ausreichte, um eine Menge Spaß zu haben. Auch die S-Version hatte bei 145 PS keine Mühe mit 770 Kilo Leegewicht. Diverse Sondermodelle machten das Angebot stets interessant. Erst im Jahr 2000 gesellte sich zur Elise die Coupé-Version namens Exige.

**Technische Daten**

**Bauzeit:**
1996-2000

**Motorbauart**
Vierzylinder

**Hubraum (cm³)**
1795

**Leistung (PS):**
122, 145

**Vmax (km/h):**
202, 213

**Technische Daten**

**Bauzeit:**
1999

**Motorbauart:**
Vierzylinder

**Hubraum (cm³):**
1795

**Leistung (PS):**
177, 190

**Vmax (km/h):**
210

## Lotus 340R

1998 stellte Lotus auf der Birmingham Motor Show einen Lotus Elise in Extremform vor, den 340 R. Keine Türen, kein Dach, nur Fahrspaß - aber leider auch nur 340 Stück. Als Antrieb fungierte ein Rover-K-Series-Vierzylinder mit 177 PS vor der Hinterachse. Optional gab es eine Werksleistungssteigerung auf 190 PS. Das Auto war eigentlich nur dazu gedacht, auf einer Messe zu demonstrieren, wie man Leichtbau auf die Spitze treiben könnte als Ergebnis eines Brainstorm-Workshops zwischen dem „Autocar"-Magazin und Chefdesigner Russell Carr. Der Name kam vom Leistungsgewicht, das bei 340 PS pro Tonne lag (durch notwendige Anpassungen, um den 340R in Europa für den Straßenverkehr zulassen zu können, kletterte das Gewicht ein wenig, wodurch das Leistungsgewicht auf 295 PS pro Tonne sank). Das Auto kam jedoch so gut an, dass es realisiert wurde. Ab Werk gab es den 340R ausschließlich mit silberner Kunststoffkarosserie mit schwarzen Anbauteilen. Den ungewöhnlich geschwungenen Überrollbügel hinter den Sitzen übernahm man von der Studie in die Serie. Der Sportwagen benötigte 4,4 Sekunden von 0 auf Tempo 100. Dank speziell entwickelter Semi-Slick-Reifen von Yokohama erreichte der Wagen Kurventempi, die von keinem Konkurrenzmodell seiner Zeit überboten werden konnten.

Safety Devices
Safety Devices

**Technische Daten**

**Bauzeit:**
1992-1999

**Motorbauart**
V8

**Hubraum (cm³)**
3900, 4600

**Leistung (PS):**
190, 240

**Vmax (km/h):**
k.A.

## Marcos Mantara

Als ich Marcos Anfang 1998 in Westbury besuchte, war ich zunächst erschrocken: Die teuren und eigenwilligen Sportwagen entstanden in zwei alten Nissen-Hütten. Marcos-Chef Jem Marsh (er gab den Mar von Marcos, das Cos kam von Designer Frank Costin) zuckte nur mit den Achseln und sagte: „Nicht sehr repräsentativ, ich weiß.“ Trotzdem war Marcos bekannt für kleine, feine Sportwagen mit exzellenter Leder- und Holzverarbeitung im Interieur. Dazu gab es viel Kraft, meist aus Rover-Motoren. Der Mantara war wohl - neben dem Mini-Derivat Mini-Marcos und dem Mantis - einer der bekanntesten Marcos. Im Mantara gab es erstmals bei Marcos eine Servolenkung, der Kunde hatte die Wahl zwischen einem 3.9-Liter-V8 oder einem Achtzylinder mit 4,6 Litern Hubraum - beide von Rover. 1998 kostete die kleine Version fast 110.000 Mark und war als Coupé und Roadster zu haben, für die Power-Version wurde ein Mehrpreis von 8710 Mark verlangt. Der Wagen lag so tief, dass er bei den schlechten englischen Straßen stets Bodenkontakt vermeldete, aber man konnte sich daran gewöhnen. Letztlich war Marcos aber dann doch zu speziell - im Jahr 2000 ging die Firma bankrott. Diverse Wiederbelebungsversuche verliefen letztlich im Sand.

## Maserati Shamal

**Technische Daten**

**Bauzeit:**
1989-1995

**Motorbauart:**
V8-Biturbo

**Hubraum (cm³):**
3200

**Leistung (PS):**
326

**Vmax (km/h):**
270

Wer behauptet, der Maserati Shamal sei vielleicht gerade noch ein Supercar-chen gewesen, dem gebe ich recht. Aber auch damit hat das Auto hier seine Berechtigung, denn ab 1990 sollte er das Top-Modell der Marke mit dem Dreizack darstellen. Der automobile mesopotamische Wüstenwind stammte stilistisch von Marcello Gandini. Das Auto war der erste Maserati mit V8-Biturbo. Er leistete 326 PS und rannte erstaunliche 270 km/h. Der Spurt war in 5,3 Sekunden möglich, innen wollten Raffleder und Echtholz überzeugen. Sein Erfolg war begrenzt - nur 369 Stück wurden verkauft.

## Maserati Ghibli (Tipo AM336)

19 Jahre nach Produktionsende des bislang letzten Ghibli kehrte im Frühjahr 1992 der Name ins Maserati-Portfolio zurück. Der zweite Ghibli, der in der Spätphase der De-Tomaso-Ära entstand, war ein Ableger des Maserati-Biturbo-Coupés, dessen Karosseriestruktur er weitgehend unverändert übernahm. Es handelte sich um ein zweitüriges Stufenheckcoupé mit vier Sitzen. Die an die sonstigen Biturbo-Modelle erinnernde Karosserie war von Marcello Gandini entworfen worden. Das Fahrwerk des Ghibli ähnelte dem des Maserati Shamal. Angetrieben wurde der Wagen zunächst ausschließlich von einem Sechszylindermotor mit zwei Litern Hubraum und zwei Turboladern, der 306 PS leistete. 1993 kam für Exportmärkte eine Version mit einem 284 PS starken 2.8-Liter-V6 hinzu. Hinzu kamen mehrere Sportversionen, die bis zu 334 PS leisteten. Die Produktion des Ghibli endete, als Ferrari im Sommer 1997 Maserati übernahm. Gut 2100 Stück wurden gebaut.

**Technische Daten**

**Bauzeit:**
1992-1997

**Motorbauart**
V6-Biturbo

**Hubraum (cm³)**
1996, 2790

**Leistung (PS):**
284-334

**Vmax (km/h):**
260, 270

**Technische Daten**

**Bauzeit:**
1994 2001

**Motorbauart**
V6, V8

**Hubraum (cm³)**
12790, 3217

**Leistung (PS):**
287, 334

**Vmax (km/h):**
260, 270

## Maserati Quattroporte

1963 kam die erste Generation des Maserati Quattroporte, wobei sich der Name natürlich auf die vier Türen bezog, mit bislang nie gekannter Sportlichkeit bei einer luxuriösen Limousine auf den Markt. Im März 1994 wurde bereits die vierte Generation vorgestellt, der Quattroporte IV. Er lehnte sich technisch und optisch stark an den Ghibli und den 430 an. Anfangs gab es ihn nur mit V6-Motoren mit einem Hubraum von drei Litern mit 287 PS, ab 1996 auch mit dem V8 des Maserati Shamal. Dieser Motor besaß einen Hubraum von 3,2 Litern und leistete 334 PS. Nachdem Ferrari im Frühjahr 1997 Eigentümer Maseratis geworden war, wurde die Produktion des Quattroporte IV zunächst ausgesetzt, um Veränderungen in der Fertigung vorzunehmen. Zugleich wurde das Auto in zahlreichen Details überarbeitet. In Pressemitteilungen sprach Maserati von mehr als 400 Veränderungen am Quattroporte, die bei der Wiederaufnahme der Produktion im Frühjahr 1998 eingeführt wurden. Die ab 1998 produzierten Modelle trugen den Zusatz „Evoluzione". Insgesamt wurden vom Quattroporte 2400 Exemplare hergestellt, mehr als 700 davon mit V8.

# Auto & Persönlichkeiten des Jahrzehnts

Es ist ein Glücksgriff, als die Porsche-Verantwortlichen einen gewissen Dr. Wendelin Wiedeking am 1. Oktober 1991 als Vorstandsvorsitzenden und somit als Nachfolger von Arno Bohn engagieren. Zu diesem Zeitpunkt geht es der Sportwagenschmiede gar nicht gut, die Stuttgarter werden sogar als Übernahmekandidat gehandelt. Dank Wiedeking passiert das nicht, denn der Manager zeichnet verantwortlich für die beiden Erfolgsmodelle Boxster und 911 Typ 996. Der Trick: Beide Autos sind von der vorderen Stoßstange bis zur B-Säule komplett identisch, was Porsche nicht nur ein neues Einstiegs-Modell beschert, sondern bei der Entwicklung des 911 enorm Kosten spart.

Wendelin Wiedeking

Ein ebenso charismatischer Wirtschaftsboss ist Dr. tech. h.c. Dipl.-Ing. ETH Ferdinand Piëch. Der so ehrgeizige wie geniale Ingenieur übernimmt zum 1. Januar 1993 den Vorstandsvorsitz der Volkswagen AG. Sein Ziel: bessere Qualität, mehr Premium. Das kann aber nur mit Kostenersparnis funktionieren. Dafür holt er im selben Jahr den Kostenkiller und ehemaligen Opel-Chefeinkäufer José Ignacio Lopéz de Arriortúa ins Boot, dem später (1996) vorgeworfen wird, Geheimnisse von General Motors mit zu Volkswagen gebracht zu haben. López setzt den Rotstift derart radikal an, dass die Qualität einbricht: Der VW Golf III (1991 bis 1997) gilt heute als der am schlechtesten verarbeitete Golf aller Zeiten. Dennoch krempelt Piëch den Laden gekonnt um – als er 2002 in den Aufsichtsrat wechselt, macht der Konzern doppelt so viel Umsatz wie 1993 und Rekordprofite.

Karl Ferdinand Piëch

Auch bei den Bayern tut sich Bemerkenswertes: Am 13. Mai 1993 löst Bernd Pischetsrieder Eberhard von Kuenheim als BMW-Chef ab. Von Kuenheim – „Mister A", wie er genannt wird – wechselt in den Aufsichtsrat. Er war einst der jüngste deutsche Autochef und hatte BMW in neue Höhen geführt. Pischetsrieder macht allerdings immer mal wieder Negativschlagzeilen: 1994 überschlägt er sich mit einem McLaren F1 aus dem BMW-Fuhrpark – was passiert war, erzählt er nie. Im selben Jahr fädelt er den Kauf der Rover Group ein, wobei er sich deutlich verrechnet: Nur Mini wurde ein Erfolg – Rover, Land Rover und MG dagegen floppten. 1999 muss Pischetsrieder gehen.

Christian von Koenigsegg

Bèla Barényi

Wesentlich positiver fallen Selfmade-Männer wie der Schwede Christian von Koenigsegg auf, der im Februar 1995 Koenigsegg Automobile AB gründet mit dem Ziel, das schnellste Supercar der Welt zu bauen. Was ihm zeitweise auch gelingt. Oder der geniale Bèla Barényi, der „Vater der passiven Sicherheit": Der Rekordpatentinhaber wird am 16. September 1995 in Detroit in die elitäre Automotive Hall of Fame aufgenommen. Leider stirbt er bereits am 30. Mai 1997.

Auch von anderen prägenden Persönlichkeiten muss die Automobilwelt Abschied nehmen, zum Beispiel Soichiro Honda (8.5.1991), Ferruccio Lamborghini (20.2.1993), David Brown (3.9.1993), Huschke von Hanstein (5.3.1996), Dante Giacosa (31.3.1996), Giuseppe (Nuccio) Bertone (26.2.1997), Ferry Porsche (27.3.1998), Wilhelm Karmann Junior (25.10.1998) und Peter Monteverdi (4.7.1998).

Soichiro Honda

Ferruccio Lamborghini

Ferry Porsche

## Maserati 3200 GT

**Technische Daten**

**Bauzeit:**
1998-2001

**Motorbauart:**
V8-Biturbo

**Hubraum (cm³):**
3217

**Leistung (PS):**
368, 370

**Vmax (km/h):**
270, 280

Es kommt nicht oft vor, dass ein Auto wegen seiner Heckleuchten geliebt wird, beim Maserati 3200 GT war es allerdings so. Kein Geringerer als Giorgio Giugiaro war für das Design verantwortlich, und er hatte dem Maserati eine Art Boomerang-Heckleuchten verpasst. Die Form des australischen Wurfgerätes faszinierte die Fangemeinde sofort – auch die erstmalige Verwendung von Leuchtdioden in den Rücklichtern traf auf Wohlwollen. Groß war demnach auch die Empörung, als der 3200 GT nur vier Jahre später andere Rückleuchten bekam ... Das Coupé wurde von einem 3,2-Liter-V8-Biturbo-Motor angetrieben, der bereits im Quattroporte und im Shamal eingebaut wurde, hier jedoch in einer überarbeiteten Version 370 PS leistete. Neu war der Einsatz eines elektronischen Gaspedals, also einer elektrischen Drosselklappensteuerung, mit deren Hilfe auf den Seilzug zwischen Gaspedal und Motor verzichtet werden konnte, was für ein besseres Ansprechverhalten des Motors sorgen sollte.

## Mazda 121

War die erste Generation des Mazda 121 noch recht kantig und konventionell, kam die zweite 1991 völlig rund daher. Kein Wunder, dass die Kiste Spitznamen wie „Ei“, „Buckelchen“, „Bubble Car“ oder sogar „Käseglocke“ bekam. Trotz kleinem Stufenheck hatten die Japaner es geschafft, das Auto ziemlich rund aussehen zu lassen. Und zwar mit voller Absicht. Die Ausstattung geriet wesentlich besser und vollständiger als beim kargen Vorgänger. Der Kleine wurde sogar - auch wie sein Vorgänger - mit einem „Canvas Top“ ausgeliefert, einem elektrischen Stoff-Faltdach. Der 121 mit dem Werkscode DB wurde insgesamt bei uns ein guter Erfolg.

**Technische Daten**

**Bauzeit:**
1991-1996

**Motorbauart:**
Vierzylinder

**Hubraum (cm³):**
1324

**Leistung (PS):**
53, 72

**Vmax (km/h):**
155, 165

## Mazda MX-6

Der MX-6 von 1991 war nicht ganz so genial wie der MX-5 - letztlich war es nur das Coupé vom 626 (es gab bereits einen Vorgänger, genannt 626 Coupé, der fiel jedoch kaum auf). Diesmal gab es immerhin eine eigenständige Karosserieform. Die Technik teilte sich das Auto mit dem Ford Probe. Für gut 40.000 Mark gab es einen Zweiliter-16V mit 116 PS, gegen Aufpreis konnte man auch 165 PS bekommen. ABS war bei beiden Modellen dabei. Im Januar 1993 wurde das Spitzenmodell mit einem 24-Ventil-V6-Motor und „4WS“, was für „Four Wheel Steering“ stand, also für eine Lenkung aller vier Räder. Hierbei wurden bis zu einer Geschwindigkeit von bis zu 50 km/h die hinteren Räder gegen die Richtung der Vorderräder, bei Geschwindigkeiten darüber in dieselbe Richtung wie die Vorderräder gelenkt. Dadurch wurde zum einen der Wendekreis recht klein, zum anderen konnte man hohe Kurvengeschwindigkeiten erreichen. 1997 wurde der MX-6 trotz allem sang- und klanglos eingestellt.

**Technische Daten**

**Bauzeit:**
1991-1997

**Motorbauart:**
Vierzylinder-Turbo, V6

**Hubraum (cm³):**
1991-2497

**Leistung (PS):**
116, 165

**Vmax (km/h):**
200, 220

## Mazda Xedos 9

**Technische Daten**

**Bauzeit:**
1993-2002

**Motorbauart:**
V6

**Hubraum (cm³):**
1995-2497

**Leistung (PS):**
143-210

**Vmax (km/h):**
202-220

Der Xedos 9 sollte als Nachfolger des 929 ein gediegenes Fahrzeug der oberen Mittelklasse für die Introvertierten dieser Welt sein. Er hob sich weder in der Optik noch in der Technik von der Masse ab, auch wenn es ihn nur mit V6 gab. Er war eine Stufe höher als der Xedos 6 positioniert, und kam - wie so oft zu dieser Zeit bei den Japanern - serienmäßig mit einer Ausstattung, für die man bei BMW oder Mercedes deutliche Mehrpreise bezahlen musste. Der Einstiegspreis war dabei vergleichbar. Doch die Kunden goutierten nicht, dass der blasse Japaner 200 km/h schaffte und schlicht ein angenehmes Auto war - somit starb der Xedos 9 still und leise den Absatzschwierigkeitentod.

## Mazda Demio

**Technische Daten**

**Bauzeit:**
1996-2003

**Motorbauart:**
Vierzylinder

**Hubraum (cm³):**
1324, 1498

**Leistung (PS):**
63-99

**Vmax (km/h):**
158-70

Nicht jeder wird sich an den Mazda Demio erinnern. Wer ihn einst nutzte aber bestimmt: Während die äußere Optik nichts Besonderes bot außer dem Bild eines Vans der unteren Mittelklasse, war der Innenraum des Wagens besonders variabel. So konnte die Rückbank um zwölf Zentimeter verschoben werden. Durch Umlegen der Vordersitze entstand eine 2,03 Meter lange Liegefläche. Das maximale Kofferraumvolumen betrug 1298 Liter, minimal konnte man je nach Stellung 330 bis 365 Liter verstauen. Ein Facelift kam im Jahr 2000.

## Mazda RX-7

Die vierte Generation des Mazda RX-7 mit dem internen Kürzel FD3S zeigte sich zeitgemäß rund, trug unter der Haube aber immer noch einen Wankelmotor, was allein schon Kult war. Der wurde noch von zwei Turboladern befeuert, womit 240 PS zur Verfügung standen (in der letzten Ausbaustufe mit 280 PS, die aber nur in Japan zu haben war). Für 85.500 Mark gab es dazu noch 294 Newtonmeter maximales Drehmoment und eine Fünfgang-Handschaltung. Insgesamt wurden von dieser Generation knapp 70.000 Stück gebaut.

**Technische Daten**

**Bauzeit:**
1991-2002

**Motorbauart**
Zweischeiben-Wankel-Biturbo

**Hubraum (cm³)**
1306

**Leistung (PS):**
240

**Vmax (km/h):**
250

## McLaren F1, F1 LM, F1 GT

**Technische Daten**

**Bauzeit:**
1993-1997

**Motorbauart:**
V12

**Hubraum (cm³):**
6064

**Leistung (PS):**
627-680

**Vmax (km/h):**
386-391

Wenn überhaupt ein Auto für die Urform aller heutiger Super- und Hypercars steht, dann ist das der McLaren F1: groß, breit, Mittelmotorauslegung, die Fahrgastzelle recht weit vorne, kraftvoll, zweckgebunden. Zu verdanken ist die wohl größte Ikone aller Supersportlerfans einem Treffen von vier McLaren-Führungskoryphäen nach dem Großen Preis von Italien im Jahr 1988: Sie beschlossen mal eben, das beste straßentaugliche Auto der Welt zu bauen. Nach vier Jahren war der F1 fertig - der erste Straßenrenner mit Carbonchassis und das mit 1,2 Millionen Mark teuerste Serienauto, das zu jener Zeit zu haben war. Und war zudem mit 391 km/h das schnellste straßentaugliche Fahrzeug mit Saugmotor. Das verdankte er vor allem dem BMW-V12 mit bis zu 680 PS. Die Auflage wurde auf 106 Stück begrenzt: 78 Stück durften auf die Straße als F1, F1 LM und F1 GT, 28 Stück wurden als reine GTR-Rennwagen gebaut. Der Einsatz von Titan und Magnesium machte das Auto leicht - selbst das Werkzeugset war aus Titan und damit um 50 Prozent leichter als eines aus Stahl. Komplett leer wog das Auto 1138 Kilo. Eine computergesteuerte Airbrake sorgte dafür, dass der F1 beim harten Bremsen einen konstanten Druckmittelpunkt beibehielt. Berühmt machten ihn leider auch Unfälle: Ein Exemplar zerstörte der BMW-Vorstandsvorsitzende Bernd Pischetsrieder auf einer Landstraße 1995, einer fackelte nach einem Unfall von „Mr. Bean" Rowan Atkinson ab.

## Mercedes-Benz 500 E, E 500

**Technische Daten**

**Bauzeit:**
1990-1995

**Motorbauart:**
V8

**Hubraum (cm³):**
4973

**Leistung (PS):**
326

**Vmax (km/h):**
250

Als Mercedes-Benz auf dem Pariser Salon 1990 das Top-Modell des W 124 präsentierte, stand so manchem im Fachpublikum der Mund offen: Hatten die Stuttgarter doch glatt den V8 aus dem 500 SL in die obere Mittelklasse-Limousine gepackt. Mit 326 PS mutierte das Auto somit zur stärksten Limousine der Welt. Kein Wunder: Porsche half kräftig bei der Geburt. Die Sportwagenschmiede beteiligte sich nicht nur an der Entwicklung des Antriebes, sondern baute das Auto auch noch in Zuffenhausen. Der 500 E kam zwar bulliger daher und lag 23 Millimeter tiefer als die schwächeren Exemplare der Familie, aber besonders auffällig war er nicht. Bei 250 km/h Spitze wurde er abgeregelt, der Sprint konnte in rund sieben Sekunden absolviert werden. Im Zuge der neuen Namensgebung erhielt das Auto 1993 die Bezeichnung E 500. Anfangs kostete der Brecher 134.520 Mark, zum Schluss waren es 145.590 Mark. Trotz des hohen Preises verkaufte Mercedes knapp 10.500 Exemplare.

## Mercedes 190 E 2.5-16V Evo II

Mit dem sogenannten „Baby-Benz" hatte Mercedes sein Portfolio bereits 1982 nach unten erweitert. Schritt für Schritt ließen sie die Topversion erstarken – angefangen als 190 E 2.3-16 mit 170 PS bis 185 PS und weiter mit dem 190 E 2.5-16V, auch schon als Evolutionsmodell mit 195 PS bis 204 PS. Die Spitze aber – abgesehen von den AMG-Ablegern – markierte aber der 190 E 2.5-16V Evo II: ein optischer Bürgerschreck mit riesigem Flügel auf der Kofferraumhaube, wildem Breitbau und verstellbarem Frontspoiler. Nur 502 Kunden kamen in den Genuss dieser heutigen Legende, sofern sie Fans von Brutalo-Optik waren. Mit einem Preis von gut 115.000 Mark war er dreimal so teuer wie ein W201 von der Stange. Und das, obwohl das Interieur bis auf Zusatzinstrumente für die Öltemperatur und die Batteriespannung dem der Serien-190er glichen. Immerhin ließ sich das hydropneumatische Fahrwerk um 300 Millimeter anheben oder um 15 Millimeter absenken. Der Evo II war übrigens neben dem CLK GTR das letzte echte Homologationsmodell von Mercedes.

**Technische Daten**

**Bauzeit:**
1990

**Motorbauart**
Vierzylinder

**Hubraum (cm³)**
2463

**Leistung (PS):**
235

**Vmax (km/h):**
250

## Mercedes-Benz SLK 200 -320 (R 170)

**Technische Daten**

**Bauzeit:**
1996-2004

**Motorbauart:**
V6, Vierzylinder, Vierzylinder-Kompressor,

**Hubraum (cm³):**
1998-3199

**Leistung (PS):**
136-218

**Vmax (km/h):**
203-242

Mit dem schnuckeligen zweisitzigen Roadster rundete Mercedes sein Portfolio nicht nur nach unten ab, sondern traf voll ins Schwarze. Die Zeit war reif für kleine Roadster - erst recht, wenn sie ein faltbares Hardtop hinter den Sitzen trugen. Mercedes nannte die Konstruktion „Variodach“: Die Kofferraumklappe öffnete nach vorne, das zweiteilige Klappdach faltete sich in den Kofferraum, Klappe zu, fertig. Und das alles in 25 Sekunden. Neu war so etwas wie die Kindersitzerkennung auf der Beifahrerseite, die den Airbag abschaltete. Wiederbelebt wurde im R 170, der auf dem W 202 basierte, der Einsatz eines Kompressors, der in diesem Fall von Eaton kam. Die Kunden griffen meistens zum 230 Kompressor, der mit 193 PS aus einem 3.2-Liter-Vierzylinder bestens mit dem kleinen Auto harmonierte. Im Jahr 2000 war eine Modellpflege fällig: Eine 163 PS starke Kompressorvariante ersetzte den normalen SLK 200, die Palette wurde nach oben vom SLK 320 mit 218 PS starkem Sechszylinder abgerundet. Mehr als 310.000 verkaufte Exemplare bewiesen, dass der SLK das richtige Auto zur richtigen Zeit war.

## Mercedes-Benz A-Klasse

Mit der A-Klasse brachte Mercedes 1997 einen neuen Kleinwagen heraus, der auf den ersten Blick rein auf Funktion ausgelegt war. Der kleine Van gilt bis heute nicht gerade als echtes Designerstück (praktisch ist er dagegen schon), deswegen wurde die A-Klasse später das optimale „Rentnerauto" (zumindest bis viel später die B-Klasse diesen Platz einnahm). Zum ersten Mal wurden in einem Mercedes-Großserienauto die Vorderräder angetrieben. Der Kofferraum schluckte bis zu 1740 Liter, anfangs gab es das Modell nur mit 1.4-Liter-Vierzylinder und 82 PS sowie mit 1.6-Liter mit 102 PS. Ab 1998 war ein 1.7-Liter-Turbodiesel zu bekommen, ab 2001 ein 60-PS-Turbodiesel. Aber nicht deswegen wurde das Modell berühmt-berüchtigt, sondern weil es im Ausweichversuch (Elchtest) in den Händen von Journalisten umkippte. Das lag am Sparzwang: Vor allem die Hinterachsenkonstruktion war nicht zu Ende gedacht. Das Desaster ließ den Verkauf einbrechen. Erst danach reagierte Mercedes und baute ESP serienmäßig ein, auch nachträglich in schon ausgelieferte Autos. 1989 kam der A 190 hinzu, 2001 wurde das Topmodell der A 210 Evolution mit 140 PS.

**Technische Daten**

**Bauzeit:**
1997-2004

**Motorbauart**
Vierzylinder,
Vierzylinder-Turbodiesel

**Hubraum (cm³)**
1397-2084

**Leistung (PS):**
60-140

**Vmax (km/h):**
167-203

## Mercedes-Benz C-Klasse (W 202)

**Technische Daten**

**Bauzeit:**
1993-2001

**Motorbauart:**
Vierzylinder,
Vierzylinder-Kompressor,
Reihensechszylinder, V6, V8,
Vierzylinder-Diesel,
Fünfzylinder-Turbodiesel

**Hubraum (cm³):**
1799-5439

**Leistung (PS):**
75-347

**Vmax (km/h):**
160-250

Der Baby-Benz war tot - es sollte die C-Klasse leben: Sie war als Nachfolger des „kleinen“ Mercedes gedacht. Erstmals boten die Stuttgarter eine serienmäßige Individualisierung an mit den Ausstattungslinien Elegance, Sport und Esprit. Die Idee funktionierte: Fast 1,9 Millionen Stück wurden gebaut. Daran hatte auch der Kombi großen Anteil, mit dem Mercedes-Benz ab 1996 Neuland in der Kompaktklasse betrat. Die Modellauswahl war gigantisch: Man konnte wählen zwischen 17 Motoren, 26 Farben und eben zwei Karosserieformen. Bei Mercedes tauchten damit auch die ersten Common-Rail-Diesel auf. Im W202 wurden auch erstmals seit langer Zeit wieder Kompressoren eingebaut. Als Top-Modell fuhr das AMG-Modell C 55 mit 347 PS aus einem wunderbaren V8 vor - die erste Gemeinschaftsentwicklung von AMG und Mercedes. Zwei Modellpflegen hielten die C-Klasse frisch. Naja, zumindest halbwegs: Aufgrund des Wasserbasislackes einerseits und später der mageren Konservierung im Werk Bremen nagte schnell der Rost.

## Mercedes-Benz C 36 AMG/E 36 AMG

**Technische Daten**

**Bauzeit:**
1993-1997

**Motorbauart:**
Reihensechszylinder

**Hubraum (cm³):**
3606

**Leistung (PS):**
280, 272

**Vmax (km/h):**
250

Der C 36 AMG war das Ergebnis der ersten gemeinsamen Entwicklungsarbeit zwischen AMG und Mercedes-Benz. Basis war der C 280 der Baureihe W 202. AMG rüstete den Wagen auf mit einem 3.6-Liter-Sechszylinder samt zweier obenliegenden Nockenwellen und vier Ventilen pro Zylinder. Bohrung und Hub wurden vergrößert, die Verdichtung verändert, die Kolben bestanden aus Aluminium. Das Ergebnis waren 280 PS und ein maximales Drehmoment von 385 Newtonmetern. Die Karosserie wurde etwas tiefer gelegt und erhielt ein paar aerodynamische Anbauteile - alles noch sehr dezent. Der Preis für das „Werkstuningauto“ im Jahr 1993: 95.450 Mark. Wer C sagte, musste natürlich auch E sagen: Auch die obere Mittelklasse von Mercedes kam ganz offiziell in den Genuss der AMG-Powerkur. Hier leistete der Reihensechszylinder 272 PS und begeisterte mit Laufkultur, Elastizität und enormen Durchzugsvermögen. Das Auto beschleunigte in 7,1 Sekunden von 0 auf 100 km/h, das Top-Tempo war auf 250 km/h limitiert. Optisch gab es Anbauteile vorne, hinten und an den Seiten, die AMG-Räder in 17 Zoll rundeten das werksgetunte Bild ab. Die Ausstattung des gut 122.000 Mark teuren Autos war ziemlich komplett: Tempomat, beheizte Scheibenwaschdüsen und elektrische Außenspiegel gehörten genauso dazu wie Lederausstattung und eine elektronisch regulierbare Heizung. Der AMG war als Limousine, Cabrio, Coupé und T-Modell zu haben.

## Mercedes-Benz E 60 AMG

Nachdem Mercedes-Benz mit dem unter Porsche-Hilfe zustande gekommenen 500 E der Baureihe W 124 in ein PS-gieriges Wespennest gestochen hatte, durfte auch AMG seine Version servieren - auch wenn es gleichzeitig den nun E 500 genannten Bruder von Mercedes-Benz mit 320 PS aus dem Fünfliter-V8 gab. AMG bohrte den Motor noch etwas auf, machte ihn so zum Sechsliter-V8 und kitzelte dadurch 381 PS aus den Innereien. Damit sprintete der Wagen in 5,4 Sekunden auf 100 km/h, das Top-Tempo war auf 250 km/h begrenzt. Allerdings kam der AMG ähnlich unscheinbar daher wie der 500 E. Natürlich besaßen beide eine dezent muskulös gezeichnete und tiefergelegte Karosserie samt voluminöserer Kotflügel, doch der erste Blick verriet nur wenig von der Power. Die damals noch eigenständig operierende Tuning-Schmiede AMG, seit 1990 mit Mercedes-Benz in einem Kooperationsverhältnis, hatte sich an der W124-Baureihe so richtig austoben dürfen. Trotzdem behielt sie die bürgerliche Form der Karosserie, den hohen Nutzwert und die Alltagstauglichkeit der E-Klasse bei. Es gab ein besonders gediegenes Interieur mit schwarzem Leder und viel Wurzelholz. Preis: etwa 180.000 Mark.

**Technische Daten**

**Bauzeit:**
1993-1994

**Motorbauart**
V8

**Hubraum (cm³)**
5956

**Leistung (PS):**
381

**Vmax (km/h):**
250

## Mercedes-Benz CLK 200 bis 430

**Technische Daten**

**Bauzeit:**
1997-2003

**Motorbauart:**
V8, V6, Vierzylinder-Kompressor, Vierzylinder

**Hubraum (cm³):**
1998-4266

**Leistung (PS):**
136-279

**Vmax (km/h):**
208-250

Das CLK Coupé ersetzte 1997 den C 124. Die Technik stammte von der C-Klasse und dem SLK, optisch lehnte sich das Coupé am W 210 an. Jetzt gab es wieder eine feste B-Säule, erstmals in einem Mercedes-Coupé konnte man eine Durchlademöglichkeit nutzen für lange Gegenstände und die Rücksitzlehne asymmetrisch umklappen. 1998 folgte das Cabriolet, das technisch identisch war, bis auf die Dachkonstruktion. Auf Wunsch war eine Fünfgang-Automatik zu haben inklusive Tempomat. Zum

Sechszylinder gab es ESP, erhältlich waren aber auch Niveauregulierung, Einparkhilfe, Schiebe-Hebe-Dach und Xenonscheinwerfer. Als Top-Modell fungierte der CLK mit dem 5,5-Liter-AMG und 347 PS. Der CLK wurde schon nach zwei Jahren aufgefrischt, was unter anderem überarbeitete kleine Motoren bedeutete und eine deutlich verbesserte Rostvorsorge. Insgesamt galt der CLK als voll alltagstauglich, bot ein sicheres Fahrverhalten und war technisch zuverlässig.

## Mercedes-Benz CLK-GTR AMG

Zur Homologation des Rennwagens für die FIA-GT-Meisterschaft musste Mercedes-Benz 25 straßenzugelassene Exemplare des CLK GTR AMG bauen (20 Coupés und fünf Roadster) - tatsächlich kamen diese aber erst nach dem Aus der Rennserie zu den Kunden. Wie beim Rennwagen saß ein Sechsliter-V12, eine Variante des Motors aus dem S 600, vor der Hinterachse unter der Kohlefaserkarosserie. Damit gelang der Sprint in 3,7 Sekunden. In wenige Modelle, die „Super Sport" hießen, wurde der 7,3-Liter-AMG-V12 eingebaut, der 664 PS leistete. Zur Kraftübertragung war ein sequenzielles Sechsganggetriebe genutzt worden. Kaufpreis pro Stück: mehr als drei Millionen Mark. Damit war das 1440 Kilo schwere Auto zu seiner Zeit der teuerste Serienwagen der Welt. Aber auch eine Show: Die Türen öffneten nach vorne und oben. Das Fahrwerk war identisch mit dem des Rennwagens, aber im Gegensatz zu dem Racer gab es eine Klimaanlage, ein Musiksystem, Volllederausstattung, elektrische Spiegel, Parktronic, ein ABS und die Antriebsschlupfregelung ASR.

**Technische Daten**

**Bauzeit:**
1998-1999

**Motorbauart:**
V12

**Hubraum (cm³):**
6898, 7291

**Leistung (PS):**
612, 664

**Vmax (km/h):**
320

## Mercedes-Benz ML (W 163)

**Technische Daten**

**Bauzeit:**
1997-2005

**Motorbauart:**
V8, V6, Vierzylinder, Fünfzylinder-Turbodiesel

**Hubraum (cm³):**
2295-4966

**Leistung (PS):**
150-292

**Vmax (km/h):**
177-226

Die M-Klasse war der erste SUV von Mercedes - zu dieser Zeit noch „All Activity Vehicle" oder „Multi Purpose Vehicle" genannt. Er markierte zudem die erste europäische SUV-Konstruktion nach modernem Muster. Ebenfalls neu war, dass Mercedes das Auto komplett und ausschließlich in den USA montieren ließ. Offiziell musste der M ML heißen, weil das M als Typenbezeichnung der Powerabteilung von BMW gehörte und noch gehört. Zuerst war der ML 320 erhältlich, dessen neu entwickelter V6-Motor mit Dreiventiltechnik, Doppelzündung und Leichtmetalllaufbuchsen glänzte. Ein Jahr lang war dieser ML allerdings Amerika vorbehalten, in Deutschland gab es nur eine Dieselvariante. Der starke ML 400 CDI mit 250 PS starkem V8-Turbodiesel folgte erst mit der Überarbeitung der Reihe im Jahr 2001. Der ML 500 ersetzte zeitgleich den ML 430. 2001 kostete das Top-Modell gut 113.00 Mark oder 58.000 Euro.

N206TR

## Mercedes-Benz S 320-600 (W 220)

**Technische Daten**

**Bauzeit:**
1998-2005

**Motorbauart:**
V12-Biturbo, V12, V8, V6, V8-Turbodiesel, V6-Turbodiesel

**Hubraum (cm³):**
3199-5786

**Leistung (PS):**
197-500

**Vmax (km/h):**
230-250

Auf dem Pariser Salon 1998 präsentierte Daimler die neue S-Klasse - und die Welt staunte: Sie war nicht größer und fetter geworden, sondern das Gegenteil war passiert. Allerdings lag das weniger an Einsicht als am Sparwillen. Die Motoren sollten eigentlich stärker werden, sie wurden aber schwächer. Die Gesamtzuladung nahm ab, der Kofferraum geriet kleiner, die Materialien innen waren nicht mehr so hochwertig. Trotzdem wurde die neue S-Klasse ein Erfolg, weil sie innerhalb des Premiumsegmentes immer noch ziemlich gut war. Wie schon bei den Vorgängern waren drei Radstände im Angebot: normal, lang und Pullmann, letzteres bedeutet 4140 Millimeter. Bei einer Modellpflege („Mopf") im Jahr 2002 wurde der S 320 durch den S 350 ersetzt. S 350, S 430 und S 500 erhielten Allradantrieb. Der S 600 kam mit einem ganz neuen 5,5-Liter-V12 mit Biturboaufladung, der nun 500 PS leistete. Den S 500 und S 600 gab es ab Werk auch als „Guard", also in Sonderschutz-Ausführung. Die S-Klasse-Freude in ungepanzerten Modellen begann zunächst bei rund 104.000 Mark für den 197 PS starken S 320 CDI und hörte auf beim S 600 für fast 216.000 Mark.

S MV 1867

## Mercedes CL 500/600 (C215)

**Technische Daten**

**Bauzeit:**
1999-2006

**Motorbauart:**
V8, V12, V12-Biturbo

**Hubraum (cm³):**
4966-5786

**Leistung (PS):**
306-500

**Vmax (km/h):**
250

Eigentlich sollten die neuen großen Coupés auf Basis der E-Klasse entstehen - aber es stellte sich heraus, dass sie der S-Klasse viel näher waren und in einigen Dingen sogar über ihr standen. Also wurde als Basis folgerichtig die S-Klasse genommen. Die CL, die es auch in AMG-Ausführung gab, gerieten trotzdem kleiner, filigraner und leichter als der wuchtige Vorgänger C 140. Mercedes hatte viel leichtes Aluminium und Magnesium verbaut, die vorderen Kotflügel und die Stoßfänger waren aus Kunststoff geformt. Ein aktives Fahrwerk minimierte die Straßeneinflüsse auf die Insassen (bei den Limousinen versuchten das Luftfahrwerke). Die Ausstattung war sogar höherwertig als in der S-Klasse. Im Jahr 2002 bekam auch der CL 600 den neuen V12-Biturbomotor, der ebenfalls im Maybach eingesetzt werden sollte. Im CL wurde die Maschine auf 500 PS gedrosselt, schob aber mit 800 Newtonmetern mächtig an. Die Konkurrenz hatte erstmal keine Antwort auf das Powerpaket ...

## Mercedes-Benz E-Klasse (W 210)

Hatte die Welt auf das Vieraugengesicht gewartet? Wenn es nach Mercedes-Benz ging, eindeutig ja. Denn mit vier einzelnen Frontscheinwerfern kam 1995 die neue obere Mittelklasse, bald E-Klasse genannt, als Nachfolger des W 124 zum Kunden. Die Formen waren allgemein fließender geworden, was mit einem „red dot design award" belohnt wurde. Von Anfang an waren viele Motorvarianten erhältlich, die entweder mit Benzin oder mit Diesel gefüttert werden konnten. Die Motoren arbeiteten bereits in anderen Konzernfahrzeugen, nur der direkteinspritzende Turbodiesel im E 290 war wirklich neu. 1996 gesellte sich die Kombivariante hinzu. Erstmals waren optionale Spezialitäten wie Parktronic als Einparkhilfe, Regensensor und Klimaautomatik zu haben. Zum August 1999 wurde die Modellreihe überarbeitet. Das Achtzylinder-Modell war danach grundsätzlich mit Allradantrieb ausgerüstet, bei einigen anderen Motorisierungen war er optional zu haben. Kultstatus erhielt das Auto kurze Zeit später - als der am meisten rostende Mercedes aller Zeiten. Der Grund: Bakterien des stoffwechselnden Stammes Burkholderia cepacia, die ins Tauchbad geraten waren und durch ihre Ausscheidungen den PH-Wert des Lackes erhöhten ...

**Technische Daten**

**Bauzeit:**
1995-2002

**Motorbauart**
V8, V6, Reihensechszylinder, Reihensechszylinder-Diesel, Reihenfünfzylinder-Diesel, Vierzylinder-Kompressor, Vierzylinder, Vierzylinder-Diesel

**Hubraum (cm³)**
1998-4266

**Leistung (PS):**
102-279

**Vmax (km/h):**
187-250

## MG RV8

**Technische Daten**

**Bauzeit:**
1993-1995

**Motorbauart:**
V8

**Hubraum (cm³):**
3946

**Leistung (PS):**
190

**Vmax (km/h):**
k.A.

„Was macht eine alternde Diva, wenn sie zurück ins Rampenlicht will? Sie schaut sich die Klamotten bei den Jüngeren ab und geht ins Fitnesscenter. So gestärkt schmeißt sie sich ins Getümmel, um Aufmerksamkeit und Angebote zu erhaschen." So begann „Classic Driver" eine Beschreibung zum MG RV8. Der Roadster war wie der spätere MGF eine Neuauflage des legendären MGB von 1962, wurde aber nur 1982 mal gebaut. Die Motorhaube und Türen stammten direkt vom alten Modell. Die MG Rover Group baute das Fahrzeug von 1993 bis 1995 und nur als Rechtslenker. Insgesamt wurden 1583 Stück nach Japan geliefert, weil das Fahrzeug bei seinem Debüt auf der Tokyo Motor Show ein großer Erfolgwar. Nur 307 Stück blieben in England, ganze 92 Stück im restlichen Europa. Als Motor wurde der bekannte Rover-V8 aus dem alten MGB GT V8 verwendet, allerdings mit einem vergrößerten Hubraum von 3946 Kubik und 190 statt 137 PS. Da das kleine Cabriolet nur 1.280 Kilogramm wog, ergaben sich tolle Fahrleistungen: In nur 5,9 Sekunden röhrte der Roadster auf 100 km/h. Dazu passte die hintere Starrachse mit den Trommelbremsen aus dem alten MGB nicht wirklich. Dass nirgendwo ein Top-Tempo des Autos zu finden ist, liegt möglicherweise daran, dass niemand es aus solchen Gründen ausprobiert hat ....

## MGF

Als BMW 1994 Rover übernahm, freuten sich auch die MG-Fans, denn damit kam tatsächlich ein Nachfolger des beliebten MGB auf den Markt. Nach 14 Jahren Marktabstinenz kam der Roadster 1995 als MGF zurück, auch optisch mit Anleihen an seinen berühmten und vielgebauten Vorgänger. Technische Besonderheit war das Hydragas-Fahrwerk, beim dem die Federung auf einem mit Flüssiggas gefüllten System basierte. Der Roadster wurde mindestens angetrieben von einem 122-PS-Vierzylinder der Rover-K-Serie, der auch im Lotus Elise arbeitete. Man konnte aber auch 26 Mehr-PS dank variabler Ventilsteuerung haben, mit dem Facelift 1999 kam noch ein 1.6-Liter-Vierzylinder mit 115 PS und ein 1.8-Liter-Vierzylinder mit 160 PS hinzu. Den Mittelmotor-MG der 90er-Jahre machte vor allem seine Agilität aus, gefühlt unterstützt von der knackigen Schaltung. Er erhielt mit dem TF ab 2002 tatsächlich noch einen Nachfolger, der – letztlich in China – bis 2011 gebaut wurde und der wieder konventionell gefedert war.

**Technische Daten**

**Bauzeit:**
1995-2002

**Motorbauart**
Vierzylinder

**Hubraum (cm³)**
1588-1796

**Leistung (PS):**
115-160

**Vmax (km/h):**
203-220

## Mitsubishi 3000 GT

**Technische Daten**

**Bauzeit:**
1990-2000

**Motorbauart:**
V6, V6-Biturbo

**Hubraum (cm³):**
2972

**Leistung (PS):**
225, 286

**Vmax (km/h):**
230, 250

Auch Mitsubishi versuchte, im Supercarsegment mitzuspielen - und zwar mit dem 3000 GT (der in den USA fast baugleich als Dodge Stealth lief). Das Auto sollte eigentlich GTO heißen, aber Ferrari hatte in Europa die Bezeichnung bereits für sich genutzt und Pontiac in den USA, so dass es in diesen Märkten nur ein „GT" wurde. Das Auto dahinter war ein schwerer Grandtourer mit diversen Highlights. Das hatte seinen Preis: 98.500 Mark waren für einen Japaner damals eine Menge Kohle - er war damit 4000 Mark teurer als ein Porsche 968. Aber der 2+2-Sitzer bot Vierradlenkung, Allradantrieb, Airbag und Tempomat sowie bewegliche Spoiler vorne und hinten dank Active-Aero-System. Die guten Fahrleistungen von 250 km/h Spitze und den Sprint in 5,9 Sekunden machte ein 286 PS starker V6-Biturbo möglich. Der erhob den Sportler auch zum stärksten Mitsubishi, den es bislang gab. Die erste Generation mit Klappscheinwerfern und Fünfganggetriebe wurde von 1990 bis 1994 gebaut, die zweite Generation mit sechs Gängen von 1994 bis 2000. Insgesamt verkaufte Mitsubishi gut 86.000 Exemplare, in Deutschland fanden sich allerdings nur 938 Kunden. Da half nicht mal die Sonderserie „Beckenbauer-Edition" in einer Auflage von 30 Stück.

## Mitsubishi Carisma

Im Sommer 1995 kam der Mitsubishi Carisma als Fließheck auf den Markt, die Stufenheckvariante folgte 1996. Produziert wurde damit erstmals ein Mitsubishi in den Niederlanden, und zwar bei NedCar, dem Joint Venture zwischen Volvo, Mitsubishi und dem niederländischen Staat. Doch bekannter war das Modell für die Innovation, die 1997 eingeführt wurde: Er erhielt den 1,8-Liter-GDI-Motor mit 125 PS, der den konventionellen 1,8-Liter-Motor ablöste. Dabei handelte es sich um den ersten in Großserie in Europa angebotenen Benzinmotor mit Direkteinspritzung. Der GDI war ein super-sparsamer Motor, der sich bei entsprechender Wartung als angenehm langlebig und zuverlässig erwies. Der Carisma wurde allerdings zunächst mit 1,6- und 1,8-Liter-Vierzylinder-Ottomotoren mit 90 PS beziehungsweise 115 PS angeboten. Zeitgleich mit der Stufenheckversion hielt ein Dieselmotor in den Carisma Einzug. Er stammte aus dem Renault 19 und leistete aus 1,9 Litern Hubraum 90 PS. Angenehm fiel der große Innenraum des Modells auf, auch das Fahrverhalten galt als unproblematisch dank stabilem Geradeauslauf, feinfühliger Lenkung, kurzer Bremswege und serienmäßigem ABS.

**Technische Daten**

**Bauzeit:**
1995-2004

**Motorbauart**
Vierzylinder,
Vierzylinder-Turbodiesel

**Hubraum (cm³)**
1597-1870

**Leistung (PS):**
90-140

**Vmax (km/h):**
180-215

## Mitsubishi Space Runner

Als außerordentlich praktisch erwies sich der Mitsubishi Space Runner, ein Kompakt-Van mit zwei vorderen Türen, einer seitlichen Schiebetür auf der Beifahrerseite und einer Heckklappe. So eine Konfiguration war etwas Besonderes. Die erste Generation überlebte von 1991 bis 1999. Es gab ausschließlich Vierzylinder-Motoren, jeweils in Verbindung mit einer Viergang-Automatik oder einem Fünfgang-Schaltgetriebe. Top-Motorisierung in Japan war der RVR Hyper Sports Gear R mit dem turboaufgeladenen Zweiliter-16V Motor mit 250 PS und Allradantrieb. Bei uns konnte man immerhin 230 PS haben, ebenfalls gekoppelt mit Allradantrieb.

**Technische Daten**

**Bauzeit:**
1991-1999

**Motorbauart**
Vierzylinder,
Vierzylinder-Turbodiesel

**Hubraum (cm³)**
1834-1998

**Leistung (PS):**
120-230

**Vmax (km/h):**
155-220

## Mitsubishi Eclipse (D20, D30)

**Technische Daten**

**Bauzeit:**
1990-2000

**Motorbauart:**
Vierzylinder,
Vierzylinder-Turbo

**Hubraum (cm³):**
1997

**Leistung (PS):**
141-195

**Vmax (km/h):**
220

In das 90er-Jahrzehnt passen exakt die ersten beiden Generationen von insgesamt vier des japanischen Sportcoupés Mitsubishi Eclipse. Das gemeinschaftliche Unternehmen hinter dem Auto hieß Diamond-Star Motors und gehörte zu Mitsubishi, Plymouth und der Chrysler-Tochter Eagle. Produziert wurde das Klappscheinwerfermodell Eclipse in Amerika. Dort besaß die Basisversion schlappe 92 PS und Frontantrieb. Nach Deutschland kamen nur die Versionen GS und GS-T mit 150 PS und bis zu 195 Turbo-PS, beide allerdings auch mit Frontantrieb. Alle bei uns ausgelieferten Autos besaßen Vollausstattung bis auf Leder und Schiebedach. Optional gab es Sportausstattungspakete mit Sportfahrwerk, größeren Rädern, Sportlenkrad und Auspuff-Doppelendrohr. Nur etwa 200 Mal entstand eine Version des D20 mit zwei herausnehmbaren Dachhälften (Bild rechts). Diese wurde ausschließlich in Deutschland angeboten - jedoch nicht direkt von Mitsubishi selbst. Die Japaner vergaben stattdessen die Aufträge an verschiedene deutsche Tuning- und Umbauwerkstätten, vor allem an die Firmen Göckel in Gammertingen und Holzer in Augsburg.

Die im Herbst 1995 auf den Markt gebrachte zweite Generation des Eclipse (D30) bedeutete zumindest für den europäischen Markt geringe Leistungseinbußen: Der D30-Eclipse GS kam in seinem ersten Baujahr auf 146 PS, ab 1996 noch auf 141 PS - dafür im Gegensatz zum Vorgänger mit Euro 2 statt Euro 1 Abgaseinstufung. In Japan und den USA hingegen wurde den Kunden nicht nur ein GS Spyder genanntes Cabrio, sondern auch leicht überarbeitete Top-Versionen angeboten. GSX, GS-T und GS-T Spyder konnten dank Turbolader mit 214 PS aufwarten. An den Spitzengeschwindigkeiten tat sich trotzdem nicht viel. Diese lag auch beim europäischen Eclipse GS bei 220 km/h. Die Beschleunigung von 0 auf 100 km/h war beim GSX und GS-T mit 6,5 und 6,8 Sekunden jedoch um knappe drei Sekunden schneller.

**Technische Daten**

**Bauzeit:**
1993-1996

**Motorbauart:**
Vierzylinder, V6, Vierzylinder-Turbodiesel

**Hubraum (cm³):**
1834-2497

**Leistung (PS):**
90-170

**Vmax (km/h):**
175-216

## Mitsubishi Galant

Der Galant war ein Dauerbrenner bei Mitsubishi bis 2012 - die erste Generation startete die Karriere bereits 1969. Die siebente Generation allerdings, gebaut von 1993 bis 1996, galt als die beste - optisch sowieso. Zudem war sie ausgezeichnet verarbeitet, die Motoren erwiesen sich als extrem haltbar. Den Galant gab es als Limousine und als Kombi, der eine Menge Gepäck aufnehmen konnte. Der Kunde hatte die Wahl zwischen normalem Vierzylinder, V6-Modellen und einem Turbodiesel. Die Top-V6-Modelle waren zunächst mit Alufelgen, einer Klimaautomatik, einem elektrischen Schiebedach sowie einer Traktionskontrolle ziemlich komplett ausgestattet. Äußeres Merkmal aller V6-Modelle war bei beiden Karosserievarianten ein Spoiler-Paket mit Heckspoiler, Seitenschürze und anderer Frontstoßstange. Das 170-PS-Topmodell gab es sogar mit Allradantrieb und Allradlenkung.

## Nissan Primera

Es war ein trauriger Tag, der 10. September 1995. Bei einem Rennen zum Super Tourenwagen Cup auf der Berliner AVUS verunglückte der Rennfahrer Keith O'dor: Er geriet aus ungeklärter Ursache ins Schleudern, schlug links gegen die Begrenzungsmauer und prallte von dort aus in die Fahrbahnmitte zurück. Einige Fahrer konnten noch ausweichen, nicht jedoch Frank Biela, der frontal in die Fahrerseite des bereits stehenden Fahrzeugs von O'dor prallte. O'dor starb in der folgenden Nacht im Krankenhaus Steglitz-Zehlendorf. Sein Rennauto: ein Nissan Primera. Die Straßenversion wurde extra für Europa entwickelt und kam 1990 als Nachfolger des Bluebird auf die Straße. Man konnte den Wagen als Limousine, Schrägheckauto oder als Kombi ordern. Die Motorisierungen waren übersichtlich: ein 1.6-Liter-Vierzylinder bot 90 PS an, der Zweiliter 115 PS bis 150 PS und der Diesel 75 PS. Mit dem Motorsport wollte Nissan ab 1991 den Verkauf ankurbeln, das Modell wurde insbesondere in der deutschen STW-Rennserie gezeigt und in der britischen Tourenwagen-Meisterschaft (BTCC), aber auch in der Japanischen Tourenwagen-Meisterschaft (JTCC). Der Rennerfolg allerdings blieb bei der ersten Generation aus.

**Technische Daten**

**Bauzeit:**
1990-1997

**Motorbauart**
Vierzylinder,
Vierzylinder-Diesel

**Hubraum (cm³)**
1597-1998

**Leistung (PS):**
75-150

**Vmax (km/h):**
165-220

## Nissan 300 ZX Twin Turbo

**Technische Daten**

**Bauzeit:**
1989-1995

**Motorbauart**
V6-Biturbo

**Hubraum (cm³)**
2960

**Leistung (PS):**
283

**Vmax (km/h):**
250

Bereits Ende 1989 kam die zweite Generation des Nissan 300 ZX auf den Markt. Der Motor war eine Wucht, er sprach gut an und zog wunderbar auch schon bei niedrigen Drehzahlen, was kein Wunder war: Die Turbolader setzten nacheinander ein, außerdem waren 375 Nm maximales Drehmoment schon damals ein guter Wert. Dass ein Land, in dem man höchstens 120 km/h fahren durfte und ohnehin die meiste Zeit im Stau stand, tatsächlich schnelle Autos bauen konnte, das wollten die deutschen Power-Fans kaum glauben. Sie hatten die Wahl zwischen einem reinen Zweisitzer-Coupé und einem 2+2-Sitzer, beide mit zweiteiligem T-bar-Glasdach ausgerüstet. Es gab auch noch ein Cabriolet mit Basis-V6 ohne Abgasaufladung, aber nicht in Europa. Die Ausstattung war typisch japanisch gut: Der 300 ZX Twin Turbo kam mit Allradlenkung, elektrischen Fensterhebern und einer vollwertigen Soundanlage. Wenn man den 300 ZX anließ, brach ein Getöse los, wie man es den sonst so zurückhaltenden Japanern gar nicht zugetraut hatte. Mal laut brüllend, mal gierig kreischend, drehte der V6-Motor auf, er sprintete in 5,9 Sekunden von 0 auf 100 km/h und musste bei 250 Sachen elektronisch eingebremst werden. Die Fachzeitschrift „sport auto" schrieb sogar: „Der einzige gravierende Fehler des neuen Nissan 300 ZX Twin-Turbo ist seine Geburtsurkunde. Darin steht eben Tokio, Japan, und nicht Zuffenhausen, Deutschland."

## Nissan Micra

Zwar gab es den Nissan Micra schon von 1982 bis 1992, aber erst die zweite Generation erfuhr die Aufmerksamkeit, die ihr gebührte. Und das gewaltig, denn das Auto mit dem Code K11 wurde von einer Jury aus internationalen Fachjournalisten „Auto des Jahres 1993" und damit das erste Auto aus Japan, das diesen renommierten Preis erhielt. Außergewöhnlich war ebenso ein CVT-Getriebe, also ein stufenloses Automatikgetriebe, das man optional erhalten konnte. Die Cabrioversion, auch als „March" vermarktet, kam leider nicht nach Deutschland - sie hätte bestimmt eine reelle Chance gehabt, zum Liebling der frischluftliebenden Damen zu werden. Immerhin war für Sparfüchse ab 1998 eine Dieselversion mit 58 PS zu haben.

**Technische Daten**

**Bauzeit:**
1992-2003

**Motorbauart:**
Vlierzylinder

**Hubraum (cm³):**
98-1527

**Leistung (PS):**
54-75

**Vmax (km/h):**
145-175

# Auto & Motorsport

Michael Schuhmacher verteidigt in der Saison 1995 seinen WM-Titel mit dem Benetton-Renault-Team. Für 1996 wechselt er zur Suderia Ferrari, wo er in den folgenden 11 Jahren weitere fünf Weltmeistertitel einfahren sollte.

In Deutschland erfährt der Motorsport in den 1990er Jahren einen wahren Boom: Das neue Idol heißt Michael Schumacher. Die Erfolgsgeschichte des Kerpeners beschert Kart-Vereinen rasant steigende Mitgliederzahlen und RTL wahre Traumquoten. Ein Millionenpublikum verfolgt an den Rennsonntagen die Rekordjagden des jungen Deutschen: Bereits im Debütjahr 1991 fährt er seine ersten WM-Punkte ein, 1992 folgt der erste von insgesamt 91 Siegen. In der tragischen Saison 1994 sichert er sich zum ersten Mal den Formel-1-Weltmeistertitel, den er im Jahr darauf erfolgreich verteidigt. Titel Nummer drei bis sieben folgen in den Jahren 2000 bis 2003.

Die Neunziger sind in der Formel 1 geprägt von zahlreichen technischen Änderungen, wodurch die Fahrzeuge sicherer gemacht werden sollen. Wie dringend diese Zielsetzung ist, zeigt die Tragödie in Imola 1994: Am 30. April stirbt Roland Ratzenberger bei einem Unfall im Qualifying, nur einen Tag später erleidet die Rennfahrerikone Ayrton Senna tödliche Kopfverletzungen, als sein Williams in der ultraschnellen Tamburello-Kurve in die Streckenbegrenzung kracht. Für einen Moment steht die Motorsportwelt still.

Beim Langstreckenklassiker in Le Mans geht auch in den Neunzigern die Hatz zwei Mal rund um die Uhr weiter, mit Dramen und Triumphen, mit Schrott und Spektakel und Geschichten, die nur in Le Mans geschrieben werden. Und vermehrt mit werksunterstützten bzw. reinen Werkseinsätzen: Mit Jaguar (1990), Mazda (1991), Peugeot (1992, 1993) Porsche (1994, 1996-1998), McLaren (1995) und BMW (1999) stehen sechs verschiedene Hersteller in der Siegerstatistik jener Jahre.

Meister zweier Klassen: Als amtierender Formel-1-Weltmeister gewinnt Nigel Mansell 1993 im Team Newman/Haas Racing als erster Rookie in der Geschichte die US-Formel-serie Indy Car World Series (CART).

Im Tourenwagensport kommt die Deutsche Tourenwagenmeisterschaft (DTM) in ihrem siebten Jahr mit der Saison 1990 so richtig in Schwung und avanciert in Deutschland – neben der Formel 1 – zur beliebtesten Rennserie, die vermehrt auch im Ausland Beachtung findet. Grund genug für die Organisatoren, Reglement und Ausrichtung der Meisterschaft zu überarbeiten. Mit Blick auf die für die antretenden Werke so wichtigen internationalen Märkte, werden die Fahrzeuge ab 1993 entsprechend dem neuen, sehr freizügigen Klasse-1-Reglement weiter aufgerüstet. Sehr zur Freude der Ingenieure, die sich jetzt einen insbesondere finanziell ruinösen Wettbewerb liefern. Angesichts von immensen Kosten, einem reiseintensiven Terminplan, der Rennstrecken in aller Welt vorsieht, wo teils vor leeren Tribünen gefahren wird, und am Ende mit nur zwei Herstellern kollabiert die ambitionierte Serie: Nach der zweiten Saison ist Ende 1996 Schluss und die inzwischen in ITC umbenannte DTM verschwindet bis Anfang des neuen Jahrtausends in der sportlichen Versenkung.

Spektakulär und schnell: Klaus Ludwig sichert sich auf seinem nach Klasse 1 aufgebauten Mercedes-Benz W 202 den DTM-Titel 1994.

Parallel zur Klasse 1 hebt die FIA quasi als Gegenstück das Klasse-2-Reglement aus der Taufe. Diese zumindest äußerlich deutlich seriennäheren 2-Liter-Rennfahrzeuge haben für die Hersteller – wie BMW und Audi, die zuvor aus der DTM ausgestiegen waren – den wirtschaftlichen Reiz, dass nur ein Fahrzeug entwickelt werden muss, das dann als Kundensportgerät an Privatteams für den Einsatz bei nationalen Meisterschaften in aller Welt verkauft werden kann. In Deutschland treten hochprofessionelle Teams und Fahrer aus der ehemaligen DTM im neuen Super-Tourenwagen-Cup (STW) gegeneinander an und liefern sich teils spektakuläre Rennen. Aber auch hier fällt 1999 in Deutschland die letzte Zielflagge.

Erfolg in Le Mans 1999: Das Schnitzer-Team aus Freilassing wird mit der Fahrerpaarung Martini/Dalmas/Winkelhock auf dem V12 LMR (Le Mans Roadster) Gesamtsieger an der Sarthe.

## Opel Lotus Omega

**Technische Daten**

**Bauzeit:**
1991-1992

**Motorbauart**
V6-Biturbo

**Hubraum (cm³)**
3615

**Leistung (PS):**
377

**Vmax (km/h):**
283

Eigentlich durfte nicht passieren, was sich 1990 jederzeit hätte abspielen können: Standen ein Ferrari Testarossa und eine Opel-Limousine nebeneinander an der Ampel, es wurde grün, und der Rüsselsheimer verblies den Italiener. Sogar vollbesetzt gegen das Fliegengewicht des Autos aus Maranello ... Das lag daran, dass die britische Leichtbauschmiede Lotus Hand an den sonst so braven Opel Omega gelegt hatte und der Limousine einen dank zweier Garrett-Turbolader 377 PS und 557 Nm starken Opel-Reihensechszylinder samt Ladeluftkühler und eine Hubraumvergrößerung um rund 600 Kubik verpasst hatte. Damit rannte der Opel 283 km/h und war in fünf Sekunden auf 100 km/h und in 17,3 Sekunden von 0 auf 200 km/h. Eine echte Superlimousine - zu ihrer Zeit sogar die schnellste der Welt. Optisch aber nur ein Viertürer mit Spoilern, Alu-Felgen und Kotflügelverbreiterungen für ziemlich dicke Puschen der Größen 235 vorne und 265 hinten. Sechs Gänge standen zur Verfügung, fürs Treten des Kupplungspedals brauchte man allerdings Bärenkräfte. Weniger als 1000 Stück - mit jeglichem Luxus innen ausgestattet - entstanden, zum Preis von je 125.000 Mark.

## Opel Calibra Turbo 4x4

Um den japanischen Coupés etwas entgegenzusetzen, entwickelte Opel den Calibra, der 1990 auf den deutschen Markt kam. Basis war die Limousine Vectra, aber Designer Erhard Schnell hatte erfolgreich eine ganz andere Form gefunden, um den Sportler vom leicht spießigen Technikgeber abzugrenzen. Zwar hatten sich die Opel-Fans darauf eingestellt, dass der Calibra wieder ein so kultiges und diskussionswürdiges Auto werden würde wie der Vorgänger Manta, sie waren jedoch zunächst enttäuscht. Vielleicht, weil der Calibra sich modern gab und richtig etwas konnte. Auf Anhieb geriet der Calibra zum Beispiel zum Aerodynamik-Weltmeister mit einem Luftwiderstandsbeiwert von 0,26. Er überzeugte erst recht als Turbo-Allrad-Version, die 1992 auf den Markt kam. Allein an ihren 204 PS kam man nicht so einfach vorbei. Die Sechsgang-Handschaltung war hochmodern, der Motor schob perfekt an. Und der Bremsweg von 36,7 Metern aus 100 km/h war auch nicht schlecht. Preis für den Könner 1994: 54.345 Mark.

**Technische Daten**

**Bauzeit:**
1992-1996

**Motorbauart:**
Vierzylinder-Turbo

**Hubraum (cm³):**
1998

**Leistung (PS):**
204

**Vmax (km/h):**
245

## Opel Astra F

**Technische Daten**

**Bauzeit:**
1991-2002

**Motorbauart:**
Vierzylinder,
Vierzylinder-Diesel

**Hubraum (cm³):**
1389-1998

**Leistung (PS):**
57-150

**Vmax (km/h):**
160-210

Kann ein Opel Astra Kult sein? Als ewiger Jäger des VW Golf durchaus. Im Juli 1991 trat er mit dem internen Kürzel „F“ das schwere Erbe des Opel Kadett „E“ an, und er geriet so wunderbar unaufgeregt und normal, dass er einfach seinen Weg gehen musste. Durch den neuen Namen sollte ein neues, positives Markenimage aufgebaut werden. In Umfragen wurde „Astra“ meist mit Technik und Raumfahrt assoziiert. Es gab die erste Generation als Stufenheckversion, mit Fließheck und als Kombi. Ein Cabrio vervollständigte ab 1993 das Portfolio. Das eingeklappte Stoffdach hatte keine karosserie-eigene Verdeckkasten-Abdeckung, sondern musste mit einer Persenning mittels Druckknöpfen manuell abgedeckt werden. Kaum ein Fahrer hat sich wegen der umständlichen Handhabung jedoch daran gehalten. Ebenso umfangreich wie die Karosserieform war die Motorisierung - man musste ja etwas bieten gegen die Wolfsburger. 1994 gab es ein Facelift. Der Astra Caravan war 1995 der immerhin meistverkaufte Kombi aller Klassen. Besonders sportlich kam der Astra GSi daher - 150 PS waren ein gutes Argument.

## Opel Frontera A

Der Opel Frontera gehörte zu denjenigen Autos, die früh als Crossover zwischen Pkw und Geländewagen auftraten. Der Frontera (Spanisch für „Grenze") wurde als „allradgetriebenes Freizeit-Automobil" beworben. „Tatsächlich begründeten die Rüsselsheimer mit dem Frontera das Segment der 4×4-Alleskönner und lösten europaweit einen wahren Allradboom aus," schrieb das „Opel Classic Magazin". Der Frontera wurde tatsächlich „Geländewagen des Jahres 1991/92". 1993 und 1994 war der Frontera der meistverkaufte Offroader Europas, der größte Einzelmarkt war Deutschland. Insgesamt wurden vom Frontera mehr als 320.000 Einheiten zugelassen. Den Frontera gab es zunächst als Drei- („Sport") und Fünftürer, der Sport war später auch noch mit Hard- und Softtop zu haben. Die Rostvorsorge war vorbildlich, aber schwerem Gelände standen ein geringer Rampenwinkel und ein tiefhängender Auspuff entgegen. Mit neuem 2,2-Liter-Turbodiesel-Direkteinspritzer und 3,2-Liter-Sechszylinder ging im Herbst 1998 dann die zweite Generation des Opel Frontera an den Start.

**Technische Daten**

**Bauzeit:**
1991-1998

**Motorbauart**
Vierzylinder,
Vierzylinder-Turbodiesel

**Hubraum (cm³)**
1998-2772

**Leistung (PS):**
113-136

**Vmax (km/h):**
147-161

## Opel Tigra

**Technische Daten**

**Bauzeit:**
1994-2001

**Motorbauart:**
Vierzylinder

**Hubraum (cm³):**
1389, 1598

**Leistung (PS):**
90, 106

**Vmax (km/h):**
190, 203

Mitte der 1990er Jahre schien es eine Nachfrage nach 2+2-Klein-Coupés zu geben – Opel und sein Designer Hideo Kodama ließen sich den Tigra dazu einfallen, um Mazda MX-3 und Nissan 100 NX Paroli zu bieten. Technische Basis bot der Corsa B, gebaut wurde der Tigra im spanischen Saragossa. Tuner Irmscher schnappte sich den Wagen und baute ihn etwa 25 mal zum Pick-up um. Die Motorenauswahl war übersichtlich: Entweder gab es einen 1,4-Liter-Vierzylinder oder einen 1,6-Liter-Vierzylinder. 90 oder 106 PS, fertig. Deutsche Tester waren zufrieden mit dem Nischenauto: „Besonders auf kurvigen Landstraßen folgt der Tigra jedem Kurvenradius wie an der Schnur gezogen," schrieb einer. Gut 250.000 Stück wurden gefertigt, in Deutschland griffen fast 60.000 Kunden zu dem Mini-Coupé.

## Opel Sintra

Ich weiß - einen Opel Sintra in ein Kultbuch aufzunehmen, ist schon fast vermessen. Trotzdem taucht er hier auf, denn die 90er Jahre waren nun mal die Jahre der Vans. Und weil Opel keinen eigenen hatte, kam die Konzernmutter GM auf die Idee, dem bereits schon baugleichen Chevrolet Venture, Oldsmobile Silhouette, Pontiac Trans Sport, Pontiac Montana und Buick GL8 jetzt auch ein Opel-Signet an die Front zu kleben. Fertig war der Sintra, der auch in England unter diesem Namen lief, allerdings unter der Marke Vauxhall. Viel Auswahl in Sachen Motoren gab es nicht - zu Beginn standen nur zwei Benziner zur Wahl, es folgte 1998 noch ein Turbodiesel. Der Sintra war alles andere als ein Erfolg und wurde nach schlechten Crashtestergebnissen schnell wieder vom Markt genommen - schnell genug, um Opel nicht zu schaden. Die Rüsselsheimer kamen danach mit dem Zafira, und der ist bis heute ein Erfolg.

**Technische Daten**

**Bauzeit:**
1996-1999

**Motorbauart**
Vierzylinder, V6, Vierzylinder-Turbodiesel

**Hubraum (cm³)**
2171-2962

**Leistung (PS):**
115-201

**Vmax (km/h):**
175-201

## Opel Monterey

**Technische Daten**

**Bauzeit:**
1992-1999

**Motorbauart:**
Vierzylinder-Turbodiesel

**Hubraum (cm³):**
3059

**Leistung (PS):**
114

**Vmax (km/h):**
150

GM verstand es ausgezeichnet, ein und dasselbe Modell mit ganz vielen verschiedenen Hersteller-Badges zu zieren. Der Opel Monterey ist ein wunderbares Beispiel dafür - war der Offroader doch ursprünglich ein Isuzu Trooper III. Neben Opel und Isuzu tauchte das Auto noch mit weiteren sieben verschiedenen Markenemblemen an der Front auf. Aber egal: Opel bekam mit dem Monterey einen fähigen großen Geländewagen ins Portfolio - mit dem Frontera hatte es ja auch schon eine Klasse tiefer geklappt. Zuerst lief der Verkauf recht gut, dann allerdings fielen Qualitätsmängel des in England produzierten Offroaders auf. Das mag daran gelegen haben, dass Isuzu hauptsächlich im Lkw-Regal stöberte, um den Wagen mit Leiterrahmen, Starrachsen und Turbodiesel zu bestücken. Als ihm dann auch noch Kippneigung nachgesagt wurde, bedeutet es das Ende des kantigen Krabblers.

## Pagani Zonda C12

Wenn jemand in den 1990er Jahren echte automobile Kunstwerke schaffte, die tatsächlich auch Fahren konnten, dann war das Horacio Pagani. Der Argentinier, der einst bei Lamborghini und Ferrari als Carbonspezialist arbeitete, ließ sich 1992 in San Cesario sul Panaro nieder und „buk“ fortan seine eigenen Autos. Das erste Modell war der Zonda C12, ein zweisitziger Mittelmotorsportwagen, der auch als Cabriolet gebaut wurde. Die Karosserie bestand - logischerweise - zu großen Teilen aus kohlenstofffaserverstärktem Kunststoff, Pagani hatte in seiner Firma die passenden Öfen dazu. Die Form war inspiriert von den Silberpfeilen der Gruppe C. An der ersten Entwicklung war der frühere Formel-1-Fahrer Juan Manuel Fangio beteiligt. Der Zonda C12 gehörte zu den exklusivsten Fahrzeugen auf dem Markt, der Grundpreis lag bei zirka 600.000 Euro. Die V12-Motoren mit 394 PS bis 450 PS lieferte Mercedes. Besonders kunstvoll waren die Cockpits gestaltet, so dass der Zonda C12 und seine Nachfolger eher Sammlerobjekte wurden als Alltagsknaller. Vom C12 sollen nur fünf Coupés zwischen 1999 und 2002 gebaut worden sein, eines davon für Crash-Tests, eines als Showcar. Die restlichen drei wurden an Kunden ausgeliefert.

**Technische Daten**

**Bauzeit:**
1999-2002

**Motorbauart**
V12

**Hubraum (cm³)**
5987

**Leistung (PS):**
394-450

**Vmax (km/h):**
290

## Peugeot 106

**Technische Daten**

**Bauzeit:**
1991-2003

**Motorbauart:**
Vierzylinder,
Vierzylinder-Diesel

**Hubraum (cm³):**
954-1587

**Leistung (PS):**
45-118

**Vmax (km/h):**
150-205

Die Franzosen konnten schon immer Minis bauen - das trifft auch für den kleinsten Peugeot der 90er-Jahre zu. Motoren von braven 45 PS bis zu sportlichen 118 PS, dazu noch zwei kleine Dieselversionen, überzeugten letztendlich 2,8 Millionen Käufer. Denn die Kraft reichte allemal, den leichten Zweitürer, der vom Citroen AX abstammte, ordentlich anzutreiben. Gerade die XSI-Modelle mit 94 und 98 PS waren dank ihres geringen Gewichtes recht schnell, sie schafften fast 200 km/h und sprinteten in zehn Sekunden von 0 auf 100 km/h. Ein Facelift frischte den Kleinen 1996 auf und sorgte noch für einen 1.6 GTI 16 V mit 118 PS. 18 Sondermodelle schoben in der gesamten Laufzeit immer mal wieder die Verkäufe an. Ein besonderes Sondermodell war der ab 1995 erhältliche 106 Electrique/Electric (Bild unten), bei dem es sich um Peugeots zweiten Versuch der Etablierung eines Elektroautos handelte. Der erste fand übrigens schon zwischen 1941 und 1945 mit dem VLV statt. Vom Elektro-106 wurden zwischen 1995 und 2003 6.400 Einheiten verkauft. Bis 2010 hielt er den Weltrekord für den Verkauf von Elektroautos.

## Peugeot 206

Rund zehn Millionen gebaute Exemplare können nicht lügen: Der Peugeot 206 war ein Riesenerfolg. Er kam 1998 als Nachfolger des 205, für das Design war Murak Günak verantwortlich. Offensichtlich hatte er alles richtig gemacht - bis Dezember 2012 wurden fast 8,4 Millionen Stück verkauft. Tatsächlich liefen weitere Exemplare im Ausland bis 2018 vom Band, was die Gesamtstückzahl von fast zehn Millionen ausmacht. Die Volumenmodelle waren die drei- und fünftürigen Schrägheckvarianten, erst im Jahr 2000 kam ein Spaßmobil mit zweiteiligem elektrischen Klappdach (CC) hinzu, 2002 eine Kombiversion. Mit 135 PS war der 206 Ende der 1990er Jahre auch durchaus sportlich, was Peugeot kräftig unterstützte, indem der Hersteller ab 1999 mit dem 206 an der Rallye-Weltmeisterschaft teilnahm. Dafür bekam das Auto Allradantrieb. Der Erfolg war enorm: Marcus Grönholm gewann 2000 und 2002 damit die Fahrerwertung, das Auto von 2000 bis 2002 die Konstrukteursmeisterschaft. Die echte Straßen-Power-Variante 2.0 16V RC mit 177 PS kam allerdings erst 2003 - und ist damit kein Kind der 1990er mehr.

**Technische Daten**

**Bauzeit:**
1998-2006

**Motorbauart**
Vierzylinder,
Vierzylinder-Diesel

**Hubraum (cm³)**
1124-1997

**Leistung (PS):**
60-135

**Vmax (km/h):**
158-210

## Peugeot 306

Den Vorgänger 309 mochten die Angestellten Peugeots nie richtig - war er doch ein Stiefkind, Herkunft Simca/Talbot. Da kam der eigene 306 gerade recht, im Laufe seines Lebens als Drei- und Fünftürer-Schrägheck, als Limousine, Cabrio und Kombi namens Break. Der Kunde hatte die Wahl zwischen diversen Benzinern mit 75 PS bis zu sportlichen 163 PS oder Selbstzündern von 69 PS bis 92 PS. Wenn auch der Wagen in Deutschland nicht ganz den Kultstatus erreichte (nicht mal die Power-Versionen XSi und S16, weil es als Konkurrenten noch den Clio Williams gab) - in Frankreich war das anders. Insgesamt verließen 2,85 Millionen Exemplare die Bänder. Die Kunden schätzten besonders die knackige Schaltung mit den kurzen Wegen, die direkte Lenkung und das agil abgestimmte Fahrwerk.

**Technische Daten**

**Bauzeit:**
1993-2002

**Motorbauart:**
Vierzylinder,
Vierzylinder-Diesel,
Vierzylinder-Turbodiesel

**Hubraum (cm³):**
1361-1998

**Leistung (PS):**
75-163

**Vmax (km/h):**
161-220

## Peugeot 406 Coupé

Warum jeder das 406 Coupé schön findet? Vielleicht, weil so viel Italien darin steckt. Denn für das Design war Lorenzo Ramaciotti aus dem Hause Pininfarina zuständig, der auch diverse Ferrari mitgestaltet hatte wie den 456 und den 550 Maranello. Der Franzose war voll alltagstauglich, komfortabel und bot viel Platz. Die Kunden hatten in den 1990er Jahren die Auswahl von 133 PS bis 190 PS (erst ab dem Jahr 2000 erstarkte das Auto auf 207 PS). Eine Turbodieselversion mit 133 PS aus einem 2.2-Liter-Vierzylinder war erst ab 2001 zu haben. Rechnete Peugeot anfangs mit maximal 70.000 Einheiten, verkauften die Franzosen letztendlich weit mehr als 100.000 Stück.

**Technische Daten**

**Bauzeit:**
1997-2005

**Motorbauart**
Vierzylinder, V6

**Hubraum (cm³)**
1997, 2946

**Leistung (PS):**
132, 190

**Vmax (km/h):**
208, 230

## Plymouth Prowler

**Technische Daten**

**Bauzeit:**
1997-2002

**Motorbauart:**
V6

**Hubraum (cm³):**
3518

**Leistung (PS):**
218, 253

**Vmax (km/h):**
190

Retro? Jaaa! Kein Kofferraum? Na und? Einfach eine schräge Idee? Absolut!!!!! Erfolgreich? Leider nein .... Dazu war die moderne Interpretation eines Hotrod wohl zu außergewöhnlich. Plymouth, Chryslers Nebenmarke, hatte trotzdem den Mut, ein reines Spaßauto auf die Räder zu stellen, es mit fast 220 PS ordentlich zu motorisieren und die Kraft auf die Hinterräder zu leiten. Schon 1998 erstarkte der Motor auf 253 PS, was sich laut technischer Daten allerdings nicht auf die Endgeschwindigkeit auswirkte. Der Name stammt vom englischen „to prowl", was „herumstreunen" bedeutet. Es gab das Auto nur mit Viergangautomatik, die vor der Hinterachse saß und das Auto zum Transaxle machte. Alle Wagen der ersten Serie waren violett. Nachdem Chrysler die Marke Plymouth 2001 aufgegeben hatte, lief das Model noch als Chrysler Prowler weiter. Nur knapp 12.000 Stück entstanden.

## Pontiac Firebird

Schade - der Firebird der 90er hätte mehr verdient als rundlich und beliebig zu werden. Technisch war er komplett überarbeitet worden, trotzdem kam er wieder mit Starrachse hinten und bekannten V6- und V8-Motoren. Immerhin gab es auch wieder ein Cabrio. Mit dem Basis-Sechszylinder und 160 PS konnte man aber kaum jemanden beeindrucken - besser ging das mit dem V8 aus dem Trans-Am, der anfangs gute 279 PS, am Ende sogar 324 PS mit dem Corvette-C5-Antrieb leistete. Aber nur gut 320.000 Firebird wurden verkauft - was GM dazu bewog, weder dem Feuervogel noch dem Camaro einen Nachfolger zu spendieren.

**Technische Daten**

**Bauzeit:**
1993-2002

**Motorbauart**
V6, V8

**Hubraum (cm³)**
3350-5733

**Leistung (PS):**
160-324

**Vmax (km/h):**
207-250

## Porsche 911 Turbo, Turbo S (964)

**Technische Daten**

**Bauzeit:**
1990–1993

**Motorbauart:**
Sechszylinder-Boxer, Turbolader

**Hubraum (cm³):**
3299

**Leistung (PS):**
320, 381

**Vmax (km/h):**
270, 290

Ab März 1990 hatte Porsche wieder einen Turbo im Programm – den Typ 964 mit 320 PS und Metall-Kat. Die Kunden flogen drauf – nach überraschenden 3400 Bestellungen musste Porsche eine Lieferzeit von zwei Jahren ankündigen. Ab 1991 besaß der Turbo, wie auch Carrera 2 und Carrera 4, serienmäßig Airbags für Fahrer und Beifahrer. Der Turbo war erkennbar an den ausgestellten Kotflügeln. Der große Heckflügel verbarg einen größer gewordenen Ladeluftkühler. Die ausgewählten 17-Zoll-Räder und -Reifen hatten sich vorher schon in der Cup-Version des Carrera 2 bewährt. Bei Einführung kostete der Turbo als Coupé satte 178.500 Mark. Er war auch als Cabrio zu haben. In 5,5 Sekunden sprintete das Auto auf 100 km/h. Dass es rund 20 Liter Super im Mix verbrauchte (und bei passionierter Fahrweise auch wesentlich mehr), störte keinen ausgeglichenen Porsche-Geist. 1992 präsentierte Porsche in Genf eine Sonderform des Turbo, den „911 Turbo Leichtbau", der dann offiziell Turbo S genannt wurde. Die Leistung stieg um 20 Prozent auf 381 PS, damit gelang der Sprint in 4,7 Sekunden. Überhaupt lagen die Fahrleistungen fast auf dem Niveau des 959. Der Turbo S wurde nur 180 Mal gebaut.

## Porsche 911 Turbo 3.6 (964)

Im Januar 1993 startete die Produktion des 911 Turbo 3.6. Offiziell hieß das Auto Typ 964 Turbo. Das Modell sollte das bisherige Manko der Turbo-911er (zu wenig Drehmoment im unteren Drehzahlbereich) vergessen lassen. Der 3.6 kam mit 520 Nm, statt der 450 Nm beim 3.3 Turbo, die Leistung stieg auf 360 PS bei nur 5500 Umdrehungen. Da mit der Drehmomenterhöhung auch die Kupplungs-Anpresskraft stieg, wurde die Pedalerie neu konstruiert. Schließlich sollten auch Damen in der Lage sein, so einen Turbo ohne übermäßige Kraftanstrengung zu dirigieren. Die Höchstgeschwindigkeit betrug 280 km/h, der Sprint bei stehendem Start dauerte im besten Falle 4,8 Sekunden. Trotz allem verbrauchte der 3.6 Turbo weniger Sprit als sein Vorgänger. Die Räder wuchsen auf 18 Zoll, das Auto stand dank großer Vierkolben-Festsattel-Aluminiumbremszangen sowie perforierter und innenbelüfteter Bremsscheiben aus Tempo 100 km/h in 2,8 Sekunden. Aber auch optisch machte der 964-Turbo dank charakteristischem feststehendem Heckspoiler, verbreiterten Kotflügeln, Außenspiegeln im Cup-Design und einem Heckleuchtenband mit reflektierendem Porsche-Schriftzug einiges her. Dazu konnte sich die Serienausstattung ebenfalls sehen lassen: Klimaanlage, elektrische Sitzverstellung und ohne Mehrpreis ein CD-Player.

**Technische Daten**

**Bauzeit:**
1993

**Motorbauart:**
Sechszylinder-Boxer-Turbo

**Hubraum (cm³):**
3600

**Leistung (PS):**
360

**Vmax (km/h):**
280

## Porsche 911 Carrera RS, RS 3.8, RSR 3.8 (964)

**Technische Daten**

**Bauzeit:**
1991-1993

**Motorbauart:**
Sechszylinder-Boxer

**Hubraum (cm³):**
3600, 3746

**Leistung (PS):**
260, 300

**Vmax (km/h):**
263, 275

Der zweite RS nach dem Entenbürzelmodell aus den 1970ern geriet um volle 175 Kilo leichter als der Serien-911 Typ 964. Außerdem war er um zehn PS stärker, was ihm einen Sprint in 5,2 Sekunden ermöglichte. Was fehlte, war der charakteristische feststehende Spoiler am Heck – der wurde ersetzt durch ein elektrisch bewegtes Bauteil. 260 PS trieben das rund 1200 Kilo schwere Auto vehement an, das nun statt Drehstabfederung Schraubenfedern besaß, die härter waren als die Preisgestaltung: 145.450 Mark kostete so ein Straßenrennwagen – inklusive serienmäßiger Magnesium-Felgen, ungedämmtem Boxersound zum fröhlichen Taubwerden und einer servolosen Lenkung, die das Fitnessstudio überflüssig machte. Der ziemlich schmale Grenzbereich wird dazu beigetragen haben, dass heute nicht mehr alle 2282 gebauten Exemplare existieren. Eine noch schärfere Version war der 911 Carrera RS 3.8 sowie das Schwestermodell Carrera RSR 3.8, die 1210 Kilo bzw. 1249 Kilo wogen. Porsche legte diese Straßen-Sonderserien 1993 auf. Deren Sechszylinder-Boxer leisteten 300 PS, was für 275 km/h reichte. Nur 90 Stück wurden hergestellt.

## Porsche 911 Turbo (993)

Im März 1995 zeigte Porsche auf dem Genfer Salon den neuen Porsche Turbo, Typ 993. Zwei kleine Turbolader befeuerten den 3.6-Liter-Sechszylinder-Boxer, was für hervorragende 540 Nm maximales Drehmoment und 408 PS sorgte. Besonders in den unteren Gängen beschleunigte der Wagen wie eine Rakete, war nur leicht untersteuernd und ließ sich somit - im Gegensatz zum Ur-Turbo - recht leicht dirigieren. Der Sprint gelang in 4,5 Sekunden, das Top-Tempo betrug 292 km/h. Die Räderspeichen waren erstmals hohl, was ein Rad um 2,3 Kilo leichter werden ließ, was wiederum weniger ungefederte Massen bedeutete. Überhaupt steckte in dem Porsche alles, was gut und teuer war: Litronic-Abblendscheinwerfer, exklusive Farben wie Arenarotmetallic, nagelneue Sportsitze, vollautomatische Klimaanlage, Alarmsystem mit Innenraumüberwachung sowie Kassetten- oder CD-Radiogerät mit Klangpaket. Das hatte natürlich seinen Preis: Zum Marktstart musste man 212.040 Mark bezahlen. Wer mehr wollte, konnte bei „Porsche Exclusiv" anklopfen: Da bekam man zum Beispiel in den Turbo bis zu 450 PS auf Basis des GT2-Rennmotors. Insgesamt verkaufte Porsche 6314 Stück vom 993 Turbo.

**Technische Daten**

**Bauzeit:**
1995-1998

**Motorbauart:**
Sechszylinder-Boxer-Biturbo

**Hubraum (cm³):**
3600

**Leistung (PS):**
408

**Vmax (km/h):**
292

**Technische Daten**

**Bauzeit:**
1991-1995 (CS: 1992)

**Motorbauart:**
Vierzylinder

**Hubraum (cm³):**
2990

**Leistung (PS):**
240

**Vmax (km/h):**
250, 252

## Porsche 968/968 CS

Der Typ 968 markierte die letzte, aber auch sportlichste und Porsche-typischste Ausbaustufe des Porsche 924 – aber er kam nicht überall gut an: Ihm wurde (wie auch schon dem 924) ein Softie-Image angedichtet, manche nannten auch ihn „Hausfrauenporsche". Dabei war der 968 der beste 924, den es gab: Mit 240 PS und 305 Nm war der Motor der zu seiner Zeit drehmomentstärkste Dreiliter-Saugmotor im Serienbau. Das Getriebe bot – erstmals bei Porsche – serienmäßig sechs Gänge an, wahlweise war eine Tiptronic zu haben. Die Bremse hatte sich in Rennen bewährt, die Airbags für Fahrer und Beifahrer waren serienmäßig eingebaut, große runde Klappscheinwerfer standen für eine neue Transaxle-Zeit. Die Coupé-Karosserie glänzte mit einem ausgezeichneten Luftwiderstandsbeiwert, die Hinterachse bekam sehr viel Abtrieb. Das Cabriodach war fest, hielt warm und konnte elektrisch betätigt werden. Wild waren die angebotenen Farben wie Mintgrün, Maritimblau, Himbeerrot und Amarantviolett. Der CS war die Clubsport-Ausgabe des 968, was bedeutete: leichter, wirtschaftlicher, preisgünstiger, also zum Beispiel Verzicht auf viele kleine Servomotoren. Rücksitze gab es auch nicht, und in Sachen Batterie reichte eine kleine Ausführung. Insgesamt geriet der CS um 50 Kilo leichter als der Basis-968. Damit man das Auto auch als CS erkennen konnte, wurden bei diesem Modell die Felgen grundsätzlich in Wagenfarbe lackiert. An der Leistung wurde nicht geschraubt, 240 PS waren gesetzt. Damit sprintete der Clubsport in 6,5 Sekunden auf 100 km/h. Die Philosophie des reinen Sportwagens schien auf den 968 CS perfekt zu passen.

## Porsche 968 Turbo S

Im Frühjahr 1993 brachte Porsche in einer Kleinserie den 968 als Turbo S mit 305 PS heraus - die Basis war der 968 CS. Ursprünglich war er als 968 Turbo RS für den Rennsport entwickelt worden, aber der sehr sportlich orientierte Kunde sollte auch etwas davon auf öffentlicher Straße haben. Es entstanden nicht mehr als 100 Exemplare, aufgebaut in der Rennabteilung von Weissach. Mit Sportkupplung wurde der Sprint in fünf Sekunden absolviert. Um die Belastungen auszuhalten, hatte Porsche das gesamte Fahrwerk überarbeitet. Die Karosserie lag 20 Millimeter tiefer als die des 968 CS, die Federn und Dämpfer waren gestrafft. Die Bremsanlage stammte vom 911 Turbo S. Der Wagen schaffte mehr als 280 km/h. Zu erkennen war der Sonder-Turbo an zwei zusätzlichen Öffnungen in der Motorhaube, einer vergrößerten Hauptöffnung vorne und einer Spoilerlippe. Aus Gewichtsgründen verzichtete der Turbo-Besitzer auf elektrische Fensterheber, Zentralverriegelung, PVC-Beschichtung des Unterbodens und Fonds-Sitze. Der Preis für das schnelle Sportcoupé: 175.000 Mark.

**Technische Daten**

**Bauzeit:**
1993

**Motorbauart**
Vierzylinder-Turbo

**Hubraum (cm³)**
2990

**Leistung (PS):**
305

**Vmax (km/h):**
284

**Technische Daten**

**Bauzeit:**
1997–2004

**Motorbauart:**
Sechszylinder-Boxer

**Hubraum (cm³):**
2480–3179

**Leistung (PS):**
204, 260

**Vmax (km/h):**
240–264

## Porsche Boxster/Boxster S

Der Porsche Boxster, Typ 986, sollte der legitime Nachfolger des 550 Spyder aus den 50er Jahren sein. Was ihn unterschied von Konkurrenten war sein Platzangebot. Das und auch schon der 204 PS starke Sechszylinder-Boxer der Basisvariante überzeugten Presse und Fans – der Boxster war auch mit dem kleinen Motor ein Porsche. Das Handling war präzise, die Bremsen leistungsfähig. Der Boxster schaffte es als Mittelmotorauto, ein bisschen vom Glorienschein des 550 Spyder auf sich zu ziehen, allerdings war er wesentlich einfacher zu fahren. Das Cabriolet verhielt sich weitgehend neutral – das galt auch für die hubraumgrößere und stärkere S-Version. Die glänzte außer mit mehr Kraft (plus 48 PS) mit einem zusätzlichen Gang, was den Fahrspaß noch mal erhöhte. Die Vorteile in Sachen Fahrleistungen waren dagegen marginal – zehn km/h mehr Top-Tempo und eine um 0,7 Sekunden bessere Beschleunigung von 0 auf 100 km/h bedeuteten nicht die Welt. Bis 2003 stieg die Kraft beim normalen Boxster bis auf 228 PS, beim Boxster S auf 260 PS.

## Porsche 911 GT1

1991 entschied Porsche, dass die GT-Klassen das richtige Umfeld fürs Portfolio sind. Um auch mal wieder ganz oben mitfahren zu können, entwickelten die Ingenieure einen Top-GT auf Basis des Porsche 911, Typ 993. Die Vorgaben: Noch als 911 erkennbar, laut Reglement nur 1100 Millimeter hoch, 1960 Millimeter breit, ein Radstand von 2,5 Metern, als Antrieb ein wassergekühlter Sechszylinder-Boxer mit zwei Turboladern in Mittelmotoranordnung. Das Ergebnis hieß Porsche 911 GT1 und stand nach nur 234 Entwicklungstagen im Jahr 1996 in Le Mans am Start. Zwei Exemplare schlugen sich bestens, sie landeten auf den Gesamträngen zwei und drei (zum Porsche-Trost gewann ein Joest-Porsche WSC). Die letzten drei Läufe der BPR-Serie gewannen die Wagen überlegen - schon standen die Kunden Schlange für die acht Exemplare, die Porsche auflegte. Doch dann wurde das Reglement geändert, 1997 gelang kein einziger Erfolg. Deshalb schob Porsche 1998 den 911 GT1 Evo nach - was die Situation deutlich verbesserte. Als Evo speckte das Auto um 100 Kilo ab, was im Renneinsatz ein Gewicht von nur 950 Kilo bedeutete. 1998 gelang dann endlich der gewünschte Doppelsieg in Le Mans. Porsche war in Sachen Homologation übrigens verpflichtet, auch Straßenversionen anzubieten - laut Reglement mussten es 25 Stück sein. Tatsächlich wurden wahrscheinlich nur 23 Stück gebaut.

**Technische Daten**

**Bauzeit:**
1996-1998

**Motorbauart**
Sechszylinder-Boxer-Biturbo

**Hubraum (cm³)**
3163

**Leistung (PS):**
550-600

**Vmax (km/h):**
310-350

## Porsche 911 (993)

**Technische Daten**
**Bauzeit:**
1993-1998
**Motorbauart:**
Sechszylinder-Boxer
**Hubraum (cm³):**
3600
**Leistung (PS):**
272-285
**Vmax (km/h):**
270-276

Genau 30 Jahre nach der Präsentation des ersten 911 kam die neue Generation, intern Typ 993 genannt. An der markanten Form hatten die Designer zum Glück nur behutsam gearbeitet - deutlich neu waren die Ellipsoid-Scheinwerfer als eine Funktionseinheit. Der ausfahrbare Heckspoiler war in der Motorklappe integriert. Ganz neu waren das durchgehende Leuchtenband hinten sowie die niedrigen Kotflügel. Beides sorgte optisch für eine niedrige und sportive Linie. Innen gab es unter anderem ein neues, kleines Airbag-Lenkrad und neu gestaltete Lenkstockhebel. Der Basis-Carrera sprintete in 5,2 Sekunden von 0 auf 100 km/h, der Grenzbereich war weit entfernt vom Üblichen, und sollte man ihn dennoch erreichen, quittierte das Auto solches Tun mit nur leichtem Übersteuern. Die Leistung entfaltete sich gleichmäßig, die Bremsen waren eine Wucht. Zu diesem Zeitpunkt glaubten selbst erfahrene Tester nicht, dass man den 911 noch viel besser machen könnte - zumal er auch noch voll alltagstauglich war. Die Motorisierung begann im Carrera 2 bei 272 PS, eine Sechsgang-Handschaltung war ebenfalls Serie (Tiptronic S ab 1995). Ganz neu war die Hinterachse, die als LSA-Achse bekannt wurde: „Leichtbau", „Stabilität" und „Agilität" dank Mehrlenkerachse mit Fahrschemel. Basispreis für das Carrera-Coupé: 125.760 Mark. 1994 war der für viele „beste Luftgekühlte aller Zeiten" auch als Cabrio zu haben, ebenfalls als Carrera 4 mit Allradantrieb, was ein Mehrgewicht von nur 50 Kilo bedeutete. Im Modelljahr 1996 bekam der Carrera 285 PS, geschaffen durch eine verbesserte Sauganlage namens Variocam, die die Motorcharakteristik optimierte. Eine Targa-Variante folgte 1997 auf Basis des Cabriolets. Im gleichen Jahr kam noch der Carrera S, der sich hauptsächlich in der Ausstattung vom Basis-Carrera unterschied. Und just hier verabschiedete sich der luftgekühlte Elfer: 1998 ging der Verkauf von luft- und wassergekühlten 911er ineinander über ...

## Porsche 911 Carrera 2/4 (996)

Ferry Porsche soll einst in Richtung Porsche 911 gesagt haben: „Wenn man drauftritt, muss er schießen." Das tat der neue 911 Typ 996. Auch wenn der Aufschrei der Hardliner groß war, denn der Boxer-Sechszylinder im 911 war erstmals wasser- statt luftgekühlt. Die Besonnenen dagegen lobten den 300 PS starken Boxer als vibrationsfrei, sie freuten sich über die ausgezeichnete Traktion auch beim rein hinterradgetriebenen Carrera und über das angenehme und zügige Hochschalten. Das Heckmotorauto galt inzwischen als absolut gutmütig, so dass man nicht unbedingt zur Allradversion Carrera 4 greifen musste, die dem Carrera 2 im Jahr 1999 folgte. Die profilierte sich besonders bei Nässe und Schnee. Weniger erfreut waren die Fans von den „Tränensäcken" am Auto - womit sie die Form der Scheinwerfer meinten. Überhaupt die Front: Wegen des Gleichteilekonzepts war sie dem neu vorgestellten Boxster ähnlich, was 911-Fans ärgerte. Allerdings war die Aerodynamik ausgezeichnet, der Wagen wog mit 1320 Kilo sehr wenig in dieser Fahrzeugklasse. Ein Kunde kam gegen Zahlung von mindestens 135.610 Mark in den Genuss des neuen Elfers. 2002 wurde der Boxermotor auf 3.6 Liter aufgebohrt, die Leistung stieg auf 320 PS. Trotz der zunächst ungeliebten Wasserkühlung verkaufte Porsche vom Typ 993 In der gesamten Laufzeit mehr als 185.000 Stück.

**Technische Daten**

**Bauzeit:**
1998-2004

**Motorbauart**
Sechszylinder-Boxer

**Hubraum (cm³)**
3387, 3598

**Leistung (PS):**
300, 320

**Vmax (km/h):**
280, 287

## Porsche 911 GT2 (993)

**Technische Daten**

**Bauzeit:**
1995-1998

**Motorbauart:**
Sechszylinder-Boxer-Turbo

**Hubraum (cm³):**
3600

**Leistung (PS):**
430-450

**Vmax (km/h):**
296

Es war Porsche schon immer ein einträgliches Ansinnen, den Kunden Straßenautos in die Hand zu geben, mit denen problemlos echter Motorsport möglich war. In der Saison 1994 waren es noch die 911 Carrera RSR und RS 3.8, die die Käufer überzeugten. 1995 stellte Porsche aber den 911 GT2 (Typ 993) auf die Räder. Damit konnte jeder Interessierte zum Beispiel an der jungen BPR-Rennserie - benannt nach ihren Gründern Jürgen Barth, Patrick Peter und Stéphane Ratel - für GT-Modelle mit Straßenzulassung teilnehmen. Erste Hürde: der Grundpreis von 276.000 Mark. Zweite Hürde: Das Auto zähmen. Anfänglich 430 PS trafen auf 1316 Kilo Wagengewicht. Das Auto wog somit fast 200 Kilo weniger als der Turbo, der die Basis bildete und ein paar Wochen nach dem GT auf den Markt kam. Der riesige Heckflügel war einstellbar und sorgte für Druck auf der Hinterachse. Was auch gut war, sonst hätte sie bei hohen Tempi ein noch größeres Eigenleben entwickelt. Der Sprint klappte in 3,9 Sekunden. 1998 bekam der Leichtbauturbo 20 PS mehr, das Drehmoment betrug nun 585 Newtonmeter.

## Porsche 911 GT3 (996)

Der Carrera RS war tot - der GT3 sollte leben: Unter dieser Bezeichnung präsentierte Porsche 1999 die „Sportversion" des 911. Markantes Charakteristikum: stets ein Saugmotor, wassergekühlt. Der erste GT3 basierte auf dem Porsche Typ 996 und kam mit 360 PS aus dem 3.6-Liter-Sechszylinder-Boxer für 179.500 Mark. Die Karosserie ähnelte der des allradgetriebenen 911 Carrera 4. Das markanteste Merkmal war der doppelstöckige Heckflügel, dessen Neigung in sechs Stufen verstellbar war und so eine passende Einstellung sowohl für normale Straßenfahrten als auch für den Rennstreckeneinsatz bot. Zur Verbesserung des Luftstroms unter dem Fahrzeug war der GT3 mit einem dreiteiligen, aus Polypropylen gefertigten und mit zahlreichen Belüftungsöffnungen versehenen Unterboden ausgestattet. Rallye-As Walter Röhrl prügelte ein Exemplar in 7.56 Minuten über die Nordschleife, und so wurde es das erste Serienfahrzeug, das den Kurs in weniger als acht Minuten schaffte. Fast 1900 Stück entstanden.

**Technische Daten**

**Bauzeit:**
1999-2000

**Motorbauart**
Sechszylinder-Boxer

**Hubraum (cm³)**
3600

**Leistung (PS):**
360

**Vmax (km/h):**
302

## Renault Twingo

**Technische Daten**

**Bauzeit:**
1993-2007

**Motorbauart:**
Vierzylinder

**Hubraum (cm³):**
1149, 1293

**Leistung (PS):**
55-75

**Vmax (km/h):**
150-169

Im Jahr 1992 vorgestellt, kam der Nachfolger des R4 ein Jahr später in Deutschland in den Handel. Und war ein Bringer mit seinem sympathischen Augenaufschlag. Im Lastenheft stand sparsam, luftig und variabel - die Ingenieure setzten das perfekt um, die Designer verpackten die Technik fast schnuffig. Mit dem serienmäßigen Faltdach wurde das Auto besonders bei jungen Kundinnen zum Renner, wenn auch 75 PS von 2004 bis 2007 das stärkste der Gefühle waren. Drei Türen reichten vollauf aus, und die Rückbank mit geteilter Lehne war in drei Stufen verschiebbar und ließ sich nach vorne sowie nach hinten klappen. Das bedeutete eine zwei Meter große Liegefläche - nicht schlecht für ein nur 3,43 Meter langes Auto. Der Twingo erlebte drei Facelifts: Das Fahrzeug erhielt im Sommer 1998 eine umfassende Modellpflege zur Phase II, Ende 2000 wurde er unter dem Blechkleid (u. a. Sicherheitstechnik, Bremsen, Motor) zur Phase III ausführlich modernisiert. Der Twingo wurde letztlich in zweieinhalb Millionen Exemplaren gebaut, bis ihm Abgas- und Crashvorschriften ein Ende setzten.

## Renault Clio

Der Renault Clio, nach der Muse der Geschichtsschreibung in der griechischen Mythologie benannt, erblickte 1990 den Asphalt der Welt. „Untersuchungen in fünf europäischen Ländern haben ergeben, dass es wesentlich zweckmäßiger ist, Namen statt Zahlen einzusetzen. Wir erreichen damit eine wesentlich höhere Identifikation und Kundenanbindung", schrieb Renault zu dem Nachfolger der zweiten Generation des R5. Man konnte den sympathischen Kleinen mit drei oder fünf Türen bekommen, in vielen Benzinvarianten und auch als 64-PS-Diesel. Er wurde zunächst deutlich als Frauenauto beworben. Im Sommer 1991 erschien die Top-Version Clio 16V mit unter anderem Dachspoiler hinten, Lufthutze auf der Motorhaube, breiten Radhäusern und Seitenschweller, Sportsitze (auf Wunsch in Leder) und Zusatzinstrumente (Öltemperatur, Öldruck, Ölstand). Kraft: 135 PS - da bot VW im Polo GTI nur 115 PS. Absolutes Sahnestück aber war das limitierte Sondermodell Clio Williams (Bild oben) mit 147 PS. Heute ist bereits die fünfte Generation des Clio unterwegs. Bis Juli 2019 wurden bislang etwa 15 Millionen Clio hergestellt.

**Technische Daten**

**Bauzeit:**
1990-1998

**Motorbauart**
Vierzylinder,
Vierzylinder-Diesel

**Hubraum (cm³)**
1108-1998

**Leistung (PS):**
48-147

**Vmax (km/h):**
145-215

## Renault Laguna

**Technische Daten**

**Bauzeit:**
1994-2001

**Motorbauart:**
Vierzylinder, V6, Vierzylinder-Turbodiesel

**Hubraum (cm³):**
1783-2963

**Leistung (PS):**
83-190

**Vmax (km/h):**
175-235

Bei der Kundschaft wurde der Nachfolger des R21 freudig aufgenommen - hatte Renault es doch geschafft, endlich gute Qualität anzubieten. Zunächst gab es nur eine Fließheckversion, ein Kombi namens Grandtour folgte 1995. Ungewöhnlich war, dass fast sämtliche Funktionen in zwei Lenkstockhebeln untergebracht wurden - weitere Schalter gab es kaum. 1998 gab es ein Facelift, das neben neuen Motoren eine umfangreichere Serienausstattung lieferte. Der Laguna der ersten Generation wurde tatsächlich ein voller Erfolg mit rund 1,5 Millionen gebauten Einheiten. Damit schlug Renault in dieser Klasse besonders auf dem französischen Markt die Hauptkonkurrenten Citroën und Peugeot.

**Technische Daten**

**Bauzeit:**
1995-1999

**Motorbauart**
Vierzylinder

**Hubraum (cm³)**
1998

**Leistung (PS):**
150

**Vmax (km/h):**
215

## Renault Sport Spider

Hätte wohl niemand vorher gedacht, dass einer der extremsten Roadster ausgerechnet von Renault kommt - war aber so: Der Sport Spider war eigentlich für den Rennsport entwickelt worden, dennoch ließen es sich die Franzosen nicht nehmen, ein paar Straßenfahrzeuge daraus abzuleiten, genau 1493 Stück. Ursprünglich kam das Auto nur mit einem kleinen Windabweiser und Scherentüren, später gab es den Sportler auch mit einer vollwertigen Windschutzscheibe, was ihn 35 Kilo schwerer machte. Als Antrieb war ein Zweiliter-Vierzylinder mit 150 PS aus dem Megane Coach eingebaut, der aber kein Problem hatte mit dem weniger als eine Tonne schweren Zweisitzer. Das geringe Gewicht lag auch an dem Aluminiumrahmen und der glasfaserverstärkten Kunststoffkarosserie. Verdeck, Seitenscheiben, Heizung, Radio, Bremskraftverstärker, Servolenkung oder elektronische Fahrhilfen gab es nicht. Eine Persenning, die auch bei Fahrt benutzt werden konnte, war der einzige Wetterschutz. Die Sicherheitsgurte liefen seitenverkehrt, eine Innenverkleidung wurde eingespart. Helme waren ratsam, sie fanden Platz in einem Staufach unter der Fronthaube. Die Bremsen stammten aus dem Alpine A610 Turbo und waren eindeutig überdimensioniert. Preis für das seltene Puristenfahrzeug im Jahr 1997: 53.900 Mark, mit Windschutzscheibe 55.300 Mark.

## Renault Mégane Scénic

**Technische Daten**

**Bauzeit:**
1996-2003

**Motorbauart:**
Vierzylinder,
Vierzylinder-Diesel,
Vierzylinder-Turbodiesel

**Hubraum (cm³):**
1390-1998

**Leistung (PS):**
64-109

**Vmax (km/h):**
152-185

Das „Car of the Year 1997" - gewählt von 55 Journalisten aus 21 Ländern - sollte vor allem das „Renaultmee" des französischen Herstellers als Van-Vorreiter sichern. Der Scénic schuf nichts anderes als das Marktsegment der „Kompaktraumlimousine". Soll heißen: Länge, Breite und Sitzplätze wie im Golf, aber dank 1,6 Metern Höhe mehr Kopffreiheit und mehr Kofferraumvolumen. Das Fahrwerk war französisch weich, die Insassen thronten vorne 16, hinten 18 Zentimeter höher über dem Asphalt als im normalen Mégane. In der Breite wurde es allerdings eng im Fond. Das Onebox-Design hatte den Nachteil, dass man das Ende der Front nicht mehr sah. Der Preis von rund 30.000 Mark war passend.

## Renault Safrane

Der Safrane war ein perfektes Beispiel für ein gutes Auto, das nie die Chance bekam, richtig Fuß zu fassen. Der Nachfolger des R25 besaß ein schräges Heck, das sehr gut zu beladen war und war serienmäßig ziemlich gut ausgestattet. Aber unter anderem das Design kam nicht an. Top-Motor war ein Dreiliter-V6 mit 167 PS mit optionalem Allradantrieb, was die Tuningriege nicht davon abhielt, sich am Safrane schadlos zu halten. Zum Beispiel Irmscher und Hartge bastelten einen Biturbi-V6 daraus, der dann plötzlich 262 PS auf die Kurbelwelle wuchtete. Das reichte locker für 250 km/h Spitze auch dank serienmäßigem Allradantrieb. 1996 gab es ein Facelift, das auch andere Motoren mit sich brachte, der Allradantrieb fiel allerdings weg. Trotzdem musste der Safrane im Dezember 2000 wegen Erfolgslosigkeit eingestellt werden.

**Technische Daten**

**Bauzeit:**
1992-2000

**Motorbauart**
Vierzylinder, V6, V6-Biturbo, Vierzylinder-Turbodiesel

**Hubraum (cm³)**
1995-2963

**Leistung (PS):**
88-262

**Vmax (km/h):**
177-250

## Renault Kangoo

**Technische Daten**

**Bauzeit:**
1997-2009

**Motorbauart:**
Vierzylinder,
Vierzylinder-Diesel

**Hubraum (cm³):**
1149-1970

**Leistung (PS):**
58-95

**Vmax (km/h):**
143-157

Der Kangoo war nicht der erste Hochdachkombi – das war der Citroën Berlingo. Dafür war der Kangoo der erste mit einer Schiebetür, später sogar mit Schiebetüren auf beiden Seiten. Damit galt er schnell als der eigentliche Uropa dieser Klasse, entworfen von Designer Patrick Lecharpy. Basis war der Renault Clio, er besaß jedoch eine Drehstabfederung, die zu diesen Zeiten nicht mehr oft verwendet wurde. Man konnte den Kangoo als Kombi, Kleintransporter, Großraumtaxi und Kleinbus haben. Meistens wurde er aber als kostengünstiges Familienauto eingesetzt. Ab 2001 gab es eine Topmotorisierung, die 95 PS samt Allradantrieb entfesselte.

## Rover 200er-Serie

Die 200er-Rover sind allein deshalb Kult, weil die Marke Kult ist. Irgendwelche Gegenargumente? Eben. Die dritte Generation der 200er-Serie war eine Eigenkreation von Rover, auch wenn sowas wie die Bremsanlage aus dem Honda Civic stammte. Die Autos waren nicht für Sportler gedacht, sondern für Genießer. Der 216 Si Lux CVT bot zwar nur 111 PS, aber dafür ein zweifarbiges Cockpit, mit Holzeinlagen verfeinert, Edelstahleinlagen in den Einstiegen und einem Lederlenkrad. Das CVT-Automatikgetriebe nahm eine Menge möglicher Sportlichkeit, aber darunter litt nicht die Freude an dem serienmäßigen Schiebedach. Das alles kostete 1997 34.400 Mark, und es bedeutete Understatement pur.

**Technische Daten**

**Bauzeit:**
1995-1999

**Motorbauart**
Vierzylinder

**Hubraum (cm³)**
1396-1994

**Leistung (PS):**
75-145

**Vmax (km/h):**
166-205

## Rover 75

**Technische Daten**

**Bauzeit:**
1998-2005

**Motorbauart:**
Vierzylinder, V6, Vierzylinder-Turbodiesel

**Hubraum (cm³):**
1795-2497

**Leistung (PS):**
115-177

**Vmax (km/h):**
190-220

Der Rover 75 hätte eine bessere Historie verdient als diese: Noch unter dem Hersteller Rover als Marke von BMW zur Welt gekommen, ab 2001 ein Kind der MG Rover Group, 2005 schlicht untergegangen, als die MG Rover Group kollabierte. Schade. Rover hatte die Entwicklung übernommen, nutzte aber eine ganze Menge BMW-Bauteile. Die Motoren stammten zunächst aus den eigenen Regalen. Das Design war sehr britisch und ein bisschen retro, aber gerade dadurch recht sympathisch und deutlich harmonischer als das des Jaguar S-Type, der ungefähr zur gleichen Zeit um Kunden buhlte. Mit maximal 177 PS Ende der 90er Jahre war die Limousine gut motorisiert. Die bis zu 260 PS starke 4,6-Liter-V8-Variante wird hier ebenso wie andere Motorvarianten nicht berücksichtigt, da sie alle erst 2003/2004 auf den Markt kamen. Ebenfalls tauchen hier nicht die Kombiversionen sowie das Power-Modell ZT auf, da diese erst ab 2001 angeboten wurden. Da müssen Sie warten bis zum Buch „Kultautos der 2000er“...

## Rover 100

Mit dem 100, den es als Drei- sowie Fünftürer und als Cabriolet gab, löste Rover den Metro ab. Es wurden ausschließlich Vierzylindermotoren als Benziner und Diesel angeboten. Die Benziner basierten alle auf der neu eingeführten K-Serie, die später noch viel mehr englische Autos antreiben sollte, die Selbstzünder lieferte Citroën. Ganz besonders war das Fahrwerk: Die Räder, vorn an Doppelquerlenkern und hinten an Schwingen aufgehängt, wurden gefedert über eine an jedem Rad liegende stickstoffgefüllte Federkugel, die Federelemente hinten waren über eine Hydraulikleitung miteinander verbunden. Dieses „Hydragas"-System war Nachfolger von BMCs Hydrolastic. Das System war so einfach, dass es noch im MGF von 1995 verwendet wurde. Die stärker motorisierten Versionen hatten zusätzlich Stabilisatoren vorne und hinten sowie Gasdruckstoßdämpfer vorne. 1994 gab es ein Facelift, was das Modell aber nicht davor bewahrte, 1998 beim EuroNcap-Crashtest voll durchzufallen. Rover musste den 100er vom Markt nehmen.

**Technische Daten**

**Bauzeit:**
1990-1998

**Motorbauart**
Vierzylinder

**Hubraum (cm³)**
1113-1396

**Leistung (PS):**
60-103

**Vmax (km/h):**
151-187

# Auto & Film

## Autos im bewegten Bild der 1990er Jahre

*Matrix, Titanic, Das Schweigen der Lämmer, León der Profi, Pulp Fiction* oder *Bridget Jones* und *Friends* – viele Filme und Serien der 90er genießen mittlerweile ultimativen Kult-Status. Aber auch wir Autoliebhaber kommen im Rückblick auf diese Zeit cineastisch voll auf unsere Kosten: Das automobile Bewegtbild jener Jahre ist an Vielfalt kaum zu übertreffen, schlägt den Bogen vom Klassiker über die damalige „Alltagsmühle" bis hin zum futuristischen über den Dächern der Stadt stattfindenden Verkehr und lässt auch gerne Skurrilitäten über die Leinwand rasen. Dass es dabei nicht immer realistisch zugeht, ist uns zugunsten von Spannung, ansprechendem Fahrzeugdesign und raffinierter Ausstattung herzlich egal, denn auch der eine oder andere völlig fiktive Film-Bolide weiß zu begeistern.

Vor allem das von Bruce Willis durch Häuserschluchten gelenkte fliegende Taxi aus dem Science-Fiction-Kultklassiker *Das fünfte Element* von 1997 hat sich in viele Gehirne nachhaltig eingebrannt, wenn es um die Vision vom fliegend stattfindenden Verkehr geht. Das charakteristische Design des Flugtaxis wurde von der französischen Regielegende Luc Besson übrigens zum großen Teil aus dem Comic *Valerian und Veronique* (franz. Originaltitel: *Valérian et Laureline*) übernommen, dessen Zeichner Jean-Claude Mézières dann auch direkt von Besson für die Kulissen in *Das Fünfte Element* engagiert wurde.

2012 bot das Auktionshaus Osenat eines der originalen während der Dreharbeiten genutzten Flugtaxis zur Versteigerung an. Statt für die von Osenat erwarteten 7000 € wechselte die Filmkulisse schließlich für 20.000 € den Besitzer.

Leider weitaus realistischer, aber zum Glück ebenfalls nicht auf echten Straßen unterwegs sind Jim Carrey und Jeff Daniels im als Hund „verkleideten" 1987er Ford Econoline in *Dumm und Dümmer*. Sowohl der Film als auch der selbst auf dem Armaturenbrett mit beige-braunem Plüsch „veredelte" Van gelten trotz damaliger vernichtender Kritiken mittlerweile als purer 90er-Jahre-Kult.

Sowohl Film als auch Fahrzeugverkleidung bereiten nicht nur Ästheten bis heute Bauchschmerzen. Gerade deshalb haben sie sich ihren Platz auf dem Kultolymp verdient …

Wenn es um nervenaufreibende Verfolgungsjagden geht, präsentiert uns das Kino der 90er Jahre hingegen häufig eine sehenswerte Melange aus Alt und damaligem Neu – heute allesamt geschätzte Klassiker und Youngtimer. Bestes Beispiel dafür: Die Verfolgungsjagd zwischen James Bonds DB 5 und Xenia Onatopps Ferrari 355 GTS zu Beginn von *GoldenEye* (1995), auch wenn die Lieblingsmarke des von Pierce Brosnan verkörperten MI6-Agenten während der 1990er auf jeden Fall BMW ist. So lenkt Bond in *Der Morgen stirbt nie* (1997) einen 750iL per Fernbedienung durch ein Hamburger Parkhaus und genießt in *GoldenEye* und *Die Welt ist nicht genug* (1999) im Z3 und Z8 bayerisches Freiluftfahrvergnügen - bis letzterer zum Opfer einer gigantischen Kreissäge wird. Für die beiden Roadster stellen die Bond-Filme darüber hinaus jeweils ihre Vorstellungspremiere dar. Bis zur Filmveröffentlichung konnte BMW sie weitgehend geheim halten.

„In seinem neuen Film hat James Bond Affären. Mit einer Schwedin, einer Russin und mit einem Bayern. Sehen Sie sich GoldenEye an und sehen Sie den BMW, der James Bond vom Wechsel überzeugte." So programmatisch wirbt BMW 1995 für den Z3 und sich selbst als neue Lieblingsmarke des Spions.

Zu den im Bewegtbild der 90er Jahre festgehaltenen Klassikern gehört natürlich auch Mr. Beans im Farbton Austin Citron Green lackierter Mini Mark IV mit mattschwarzer Motorhaube. Während des Drehs der gesamten Serie von 1990 bis 1995 kamen insgesamt fünf 1977er Mini Mark IV und mehrere 1974er Mark III zum Einsatz, die trotz Blechschäden - unter anderem entstanden bei Begegnungen mit einem gewissen hellblauen 1973er Reliant Regal Supervan III - besser wegkamen als Rowan Atkinsons privater 1997er

Ein Reliant Supervan ging hier zum Glück nicht mit an den Start: Mr. Beans Mini Mark III 2013 bei der Creme 21 Youngtimer Rally in Spa.

McLaren F1, den dieser 2011 medial vielbeachtet sehr nachhaltig kaltverformte. Viele der eingesetzten Autos sind bis heute erhalten geblieben. So wird einer der originalen Bean-Mark III gelegentlich von der BMW Group für die Teilnahme an Oldtimer-Rennen genutzt.

DER deutsche Auto-Film der 1990er Jahre heißt natürlich *Manta, Manta* (1991) und war nicht nur Sprungbrett für die Karrieren Til Schweigers und Michael Kesslers, sondern wird mittlerweile dank überzeugender Stunts, mehr oder weniger gelungener Gags und vor allem aufgrund seiner gekonnten Selbstironie anders als der heute weitgehend vergessene Konkurrenzfilm *Manta - Der Film* aus demselben Jahr als der deutsche Kultfilm der frühen 90er Jahre angesehen.

Auch heute noch eine Ikone der Tuning-Ära der 90er: Bertis (Til Schweiger) Manta B GSi mit Mattig-Breitbau wurde vom Hagener Lackspezialisten Christian Petzold eigens für den Film in drei aufwändigen Candy-Farbtönen lackiert.

Und zu guter Letzt sollte sicher auch die eher gemächliche Verfolgungsjagd, die sich OJ Simpson 1994 im weißen Ford Bronco mit der Polizei von Los Angeles lieferte, nicht unerwähnt bleiben - schließlich wurde auch diese von Kameras aufgezeichnet und live im US-amerikanischen Fernsehen übertragen. 95 Millionen Zuschauer sahen zu. Kult? Zumindest nehmen einige Popkulturwissenschaftler mit dieser Kuriosität beginnend den Startschuss des Reality-TV an ...

## Saab 900 II

**Technische Daten**

**Bauzeit:**
1992-1998

**Motorbauart**
Vierzylinder, Vierzylinder-Turbo, V6

**Hubraum (cm³)**
1985-2498

**Leistung (PS):**
130-185

**Vmax (km/h):**
200-230

Auch wenn der Saab 900 eine Meisterleistung der Ingenieure war - verkaufen ließ sich der Schwede damit nicht genug. So eilte General Motors im Jahr 1989 zu Hilfe und begann, die innovative skandinavische Marke aufzuweichen. Viele Teile der zweiten Generation des 900 kamen fortan aus dem GM-Regal, die Bodengruppe spendierte der Opel Vectra A. Die Motoren wurden nun quer eingebaut, was tatsächlich mehr Platz im Interieur schaffte. Optisch wurden die Kanten runder, das war es aber auch schon. Die Vierzylinder leisteten turbolose 130 bis abgastechnisch aufgeladene 185 PS, auch ein V6 war zu haben - mit 2,5 Litern Hubraum von Opel, 170 PS stark. Der kam allerdings nicht gut an. Im Gegensatz zum 1994 nachgereichten Cabrio. Insgesamt wurden trotz aller Schwächen 270.000 Saab 900 II verkauft.

## Saab 9-5

Saab-Fahrer haben sich schon immer als etwas Besonders angesehen - und das waren sie auch. Zumindest ihre Autos, denn ein Saab war immer eigenwillig, der 9-5 aber auch noch stilvoll und komfortabel. Erst recht die letzte Modellreihe, die 1997 auf den Markt kam. Der 9-5 wollte nicht wie der 900 mit typischem Fließheck überzeugen, sondern als Limousine und - erstmals bei Saab - als Kombi, was der verlängerten Vectra-Plattform zu verdanken war. Der Kombi kam 1999 auf den Markt und blieb bis 2010. In Sachen Motorisierung konnten die geneigten Kunden zu Vierzylinder-Turbos greifen, aber auch aufgeladene V6-Benziner und -Diesel (letztere von Opel) waren im Angebot. 2006 gab es noch eine Aufwertung. Im Euro-NCAP-Crashtest von 1998 erhielt der 9-5 bei der Bewertung der Insassensicherheit von Erwachsenen 31 Punkte und vier von fünf möglichen Sternen. Damit war er das beste bis zu diesem Zeitpunkt getestete Fahrzeug seiner Klasse. In den Neunzigern besaß die stärkste Variante einen 2,3-Liter-Turbo mit 230 PS, später stieg die Leistung bis zu 260 PS. 2011 ließ GM Saab sterben - somit geriet der erste Saab-Kombi auch zum einzigen.

**Technische Daten**

**Bauzeit:**
1997-2011

**Motorbauart:**
Vierzylinder-Turbo, V6-Turbo, V6-Turbodiesel

**Hubraum (cm³):**
1985-2990

**Leistung (PS):**
150-260

**Vmax (km/h):**
215-260

## Seat Ibiza

**Technische Daten**

**Bauzeit:**
1993-1999

**Motorbauart:**
Vierzylinder,
Vierzylinder-Diesel,
Vierzylinder-Turbodiesel

**Hubraum (cm³):**
999-1984

**Leistung (PS):**
50-150

**Vmax (km/h):**
140-216

Ein Auto namens Ibiza muss Kult sein, oder? Die Insel ist es ja auch, jedenfalls bei einigen, vor allem jungen Leuten. Das war schon ein guter Marketingschachzug, den Kleinwagen von Seat nach der Feierinsel zu benennen. Auch die zweite Generation des Ibiza von 1993 bis 1999 kam gut an. Kein Wunder, VW lieferte die Technik und Giugiaro das Design. Der Ibiza war ab dem Zeitpunkt mehr als ein billiger Polo (worauf er basierte), als er in der Rallye als „Cupra" („Cup Racing") diverse Erfolge einfuhr. Man bekam den Ibiza mit diversen Motoren vom Einliter-Vierzylinder bis zum 1.6er, von 50 PS bis zu 150 PS. Bei letzterer Version brauchte die Lenkung drei Umdrehungen von Anschlag zu Anschlag, sie besaß ein straffes Fahrwerk, gute Sportsitze und kernigen Sound. Die Ausstattung war erstaunlich komplett, sogar eine elektronische Schlupfreduzierung wurde ab Werk mitgeliefert.

## Seat Cordoba

**Technische Daten**

**Bauzeit:**
1993-1999

**Motorbauart:**
Vierzylinder,
Vierzylinder-Diesel,
Vierzylinder-Turbodiesel

**Hubraum (cm³):**
1390-1984

**Leistung (PS):**
60-150

**Vmax (km/h):**
155- 216

Es war schon erstaunlich, was man alles machen konnte, wenn man ein Regal mit fast allen nötigen Bauteilen zur Verfügung hatte. Zum Beispiel einen Seat Cordoba, nach der spanischen Stadt Córdoba benannt. Die kompakte Stufenhecklimousine (gab es später auch als Kombi) nutzte für ihr Dasein die Ibiza-Basis und stellte eigentlich nur dessen Stufenheck-Variante dar. Die Technik des 1993 Geborenen stammte vom Polo 6N, Golf 3 bzw. Polo 9N. Die Motorenpalette und die Ausstattungslinien waren mit denen im Ibiza nahezu identisch. Im Sommer 1996 wurde der Cordoba Vario als Kombi eingeführt. Die im August 1999 eingeführte zweite Generation des Cordoba distanzierte sich dann optisch deutlich vom Polo.

## Seat Arosa

Eigentlich ist der Seat Arosa kaum etwas anderes als ein spanischer Lupo – was ihn so interessant macht, ist, dass der Arosa ein Jahr früher auf den Markt kam als das deutsche Pendant. Zunächst wurde er mit einem Einliter-Ottomotor mit 50 PS oder einem 1,4-Liter-Vierzylinder mit 60 PS angeboten. Den 1,4-Liter-Motor gab es anfangs nur mit Automatikgetriebe. Später kamen noch ein 1,7-Liter-Saugdiesel-, ein 1,4-Liter-Turbodieselmotor sowie ein leistungsgesteigerter 16-Ventil-Benzinmotor mit 101 PS hinzu. Damit war der Arosa schon ganz schön flott unterwegs. Er zeichnete sich auch durch seine kleinen Außenmaße bei einem verhältnismäßig großen Innenraum aus. Er bot vier Sitzplätze mit kleinem Kofferraum, wobei die Rückbank umgeklappt werden konnte. Im Juni 2004 wurde die Produktion des Seat Arosa eingestellt. Ein Nachfolger in der Kleinstwagenklasse erschien erst im Frühjahr 2012 mit dem Seat Mii.

**Technische Daten**

**Bauzeit:**
1997–2004

**Motorbauart**
Vierzylinder,
Dreizylinder-Turbodiesel,
Vierzylinder-Diesel

**Hubraum (cm³)**
999–1716

**Leistung (PS):**
50–101

**Vmax (km/h):**
151–188

**Technische Daten**

**Bauzeit:**
1998–1999

**Motorbauart**
V8

**Hubraum (cm³)**
3998

**Leistung (PS):**
324

**Vmax (km/h):**
273

## Shelby Series I

US-Tausendsassa Carroll Shelby stärkte nicht nur vorhandene Autos wie beispielsweise einen AC Ace oder einen Mustang: Einmal schaffte er auch einen Wagen aus dem Nichts – den Shelby Series I, einen 1,2 Tonnen leichten Superroadster mit Alu-Karosserie und tief heruntergezogenem Frontspoiler. Der Series 1 hatte eine Doppelquerlenkeraufhängung mit Gewindefahrwerksdämpfern. Die Karosserieteile bestanden aus Kohle- und Glasfaserlaminat. Als Motor griff Shelby zu seinem von Oldsmobile, nämlich zum Vierliter-L47-Aurora-V8 mit 324 PS und 390 Nm. Beim Sprint von 0 auf 100 km/h in 4,5 Sekunden blieb keine Frisur ordentlich, bei möglichen 273 km/h Spitze erst recht nicht. Damit rannte der Series I schneller als Shelbys 427-Cobra. Aufgeladene Prototypen kämpften mit bis zu 600 PS unter der Haube. 249 Serien-Exemplare entstanden. Während der Produktion 1999 übernahm die Venture Corporation die Shelby American Inc. inklusive des Series I (nicht aber die Rechte an der Shelby Cobra). 2004 ging auch diese Firma Pleite, woraufhin Shelbys neue Firma Shelby Automobiles den Series I wieder an sich nahm. Eine weitere Produktion gelang aber nicht mehr.

## Skoda Octavia

**Technische Daten**

**Bauzeit:**
1996-2000

**Motorbauart:**
Vierzylinder, Vierzylinder-Turbo, Vierzylinder-Diesel, Vierzylinder-Turbodiesel

**Hubraum (cm³):**
1397-1984

**Leistung (PS):**
60-150

**Vmax (km/h):**
155-219

Der Ur-Octavia wurde von 1959 bis 1971 gebaut, hatte aber mit dem Octavia der 90er Jahre außer dem Namen nichts mehr gemein. Aber schon der Ur-Octavia war irgendwie Kult - und sei es wegen seiner sympathischen Schrulligkeit. Der Octavia der Neuzeit war das erste Auto unter der Fuchtel von VW und basierte auf dem Golf IV. Was durchaus eine Auszeichnung war, da der Golf IV bei vielen als der beste Golf aller Zeiten galt und gilt. Die Maße kamen fast an die des Passat heran, so dass der Octavia also im Grunde so etwas war wie ein günstiger Passat mit dem Radstand des Golf zu Preisen eines Polo. Klasse! In den 90ern bis zum ersten Facelift 2000 gab es Motoren in der Größe von 1390 bis 1984 Kubik und von 60 PS bis 150 PS, in Sachen Diesel von 68 PS bis 110 PS. Nur nebenbei: Ab 2004 wurde der Octavia in China als „Ming Rui" verkauft, in Indien als „Laura". Und in Deutschland noch heute als Octavia.

## Smart city coupé/cdi

Kaum war der smart auf dem Markt, polarisierte er. Die einen sahen in dem Winzling die Lösung aller Parkprobleme (aufgrund seiner Kürze von 2,5 Meter, weil querparken damit erlaubt war), die anderen waren entsetzt über das unkultivierte Fahrverhalten. Besonders das automatisierte, sequenzielle Sechsganggetriebe stand in der Kritik - starke Lastwechselreaktionen trafen auf spätes Reagieren, und der kurze Radstand machte die Fahrt über Bodenwellen auch nicht zum Vergnügen. Während die Diskussion um die Einführung eines Drei-Liter-Autos am Anfang des neuen Jahrtausends weiterhin die Welt bewegte, lancierte smart kurz nach der Präsentation auf der IAA Ende 1999 bereits den direkteinspritzenden cdi-Motor mit einem Laborverbrauch von nur 3,4 Litern auf 100 Kilometer. Der smart ging seinen Weg - bis heute ...

**Technische Daten**

**Bauzeit:**
1998-2007

**Motorbauart**
Reihen-Dreizylinder, Dreizylinder-Diesel

**Hubraum (cm³)**
599, 799

**Leistung (PS):**
41-55

**Vmax (km/h):**
135

## Subaru Impreza WRX STI

**Technische Daten**

**Bauzeit:**
1992-1998

**Motorbauart:**
Vierzylinder-Turboboxer

**Hubraum (cm³):**
2212

**Leistung (PS):**
250-300

**Vmax (km/h):**
ca. 238

Wer erinnert sich nicht noch an die blauen Impreza WRX STI „555" mit den goldenen Felgen und dem fetten Heckspoiler? Genau. Das Modell war die straßenzugelassene Basisversion des Rallyeautos, mit dem die Renn- und Werkstuningabteilung von Subaru, Subaru Tecnica International (STI), in der World Rallye Championship (WRC) von Sieg zu Sieg driftete. Den Anfang mit Powerversionen machte Subaru mit dem ab 1992 gebauten Impreza WRX der ersten Generation. Der Boxermotor mit zwei Litern Hubraum und 240 PS kam 1993 nach Europa. 1994 legte Subaru nach und der Verkauf des durch STI in Handarbeit umgebauten Impreza WRX STI begann. Die Leistung stieg auf 250 PS. 1995 holte sich Subaru mit Colin McRae den ersten WRC-Titel sowohl in der Fahrer- als auch in der Konstrukteurswertung. Mit der zweiten Generation 1995 wurden dann die 555-Modelle eingeführt, als straßenzugelassenen Nachbauten des erfolgreichen World-Rallyecars von STI. Sie konnten lediglich in der Farbe WR Blue Mica mit goldenen BBS-Felgen bestellt werden. 1996 wurde die Leistung auf etwa 300 PS angehoben. Später wurde die Leistung auf 280 PS gestutzt, da im selben Jahr in Japan ein „Gentlemen's Agreement" – eine nicht verbindliche Vereinbarung unter den japanischen Automobilherstellern – zur Leistungsbeschränkung von Neufahrzeugen vereinbart wurde.

## Subaru SVX

Der Subaru SVX (Subaru Vehicle X) hätte eine echte Karriere verdient - aber es war dem Allrad-Sportwagen nicht vergönnt. Unter Mithilfe von Giorgio Giugiaro designt, kam der Wagen 1991 auf die Straße. Und wirkte wie ein Auto aus der Zukunft. Im Prospekt stand passenderweise: „Auch die Zukunft braucht Legenden." Die neue 2+2-Legende kam in toller Coupéform mit Zweifarbenlackierung, Sechszylinder-Boxer und kleinen zweigeteilten Seitenscheiben vorne, von denen nur ein Teil versenkbar war. Selbst bei 100 km/h konnte man sie öffnen, ohne dass die Luft stark ins Auto zog oder für starke Geräusche sorgte. Für Vortrieb sorgten 230 PS, damit waren 249 km/h möglich, ab 1996 waren es nur noch 220 PS. Preis 1992 in Deutschland: heftige 73.350 Mark. Letztlich wurden bis 1997 nur rund 25.000 SVX gebaut.

**Technische Daten**

**Bauzeit:**
1991-1997

**Motorbauart**
Sechszylinder-Boxer

**Hubraum (cm³)**
3318

**Leistung (PS):**
220, 230

**Vmax (km/h):**
249

## Suzuki Vitara X-90

**Technische Daten**

**Bauzeit:**
1995-1997

**Motorbauart:**
Vierzylinder

**Hubraum (cm³):**
1590

**Leistung (PS):**
97

**Vmax (km/h):**
140

Nicht jeder verstand den Spaß, den Suzuki mit dem Vitara X-90 den Kunden bieten wollte. Der kleine SUV basierte auf dem Suzuki Vitara und besaß ein für ein SUV ungewöhnliches Stufenheck. In Sachen Motor gab es keine große Wahl: 1.6-Liter-Vierzylinder mit 97 PS und Schluss. In Deutschland wurde er nur mit zuschaltbarem Allradantrieb angeboten, aber wegen der vielen Spoiler war er nicht wirklich geländegängig. Besonderheiten waren die rahmenlosen Scheiben, das T-Roof-Cabriodachkonzept (leider ohne gesondertes Staufach zur Aufbewahrung der Teile) und die für damalige Verhältnisse umfangreiche Serienausstattung. Dazu gehörten zwei Airbags, elektrische Fensterheber, Zentralverriegelung, selbstsperrende Naben, Servolenkung, ein Heckflügel mit dritter Bremsleuchte, eine Wegfahrsperre, ein Seitenaufprallschutz, Breitreifen sowie ein vollwertiges Ersatzrad. Der Boulevard-Spaß dauerte ganze zwei Jahre, dann wurde das Konzept wegen Erfolglosigkeit eingestellt.

## Suzuki Cappuccino

Die Kei-Car-Vorschriften Japans (zum Beispiel bevorzugte Parkmöglichkeiten für Kleinstautos) machten Autos wie den Cappuccino möglich - ein Sportcabrio der Microcar-Klasse. Der Cappuccino war gerade mal 3,3 Meter lang und 690 Kilo leicht. Er besaß ein Dach, das sowohl volles Cabriofeeling zuließ als auch als T-Bar-Roof eingesetzt werden konnte. Der 660-Kubik-Dreizylinder-Motor mit Aluminiumgehäuse, Turbolader und Ladeluftkühler leistete 64 PS, was einen Sprint in acht Sekunden auf 100 km/h ermöglichte. Ab 1995 gab es den Cappuccino dann auch mit Antiblockiersystem und Sperrdifferenzial. Die Gewichtsverteilung betrug fast sportwagenoptimale 51 Prozent vorne und 49 hinten. Die Räder waren einzeln an je zwei Querlenkern geführt und durch Feder-Dämpfer-Einheiten gedämpft und gefedert. Besonderheit: Der Drehzahlmesser zeigte bis 12.000 Touren an, der rote Bereich begann allerdings schon bei 8.500/min. Das Retro-Design kam gut an, in fünf Jahren wurden rund 27.000 Stück verkauft.

**Technische Daten**

**Bauzeit:**
1991-1998

**Motorbauart**
Dreizylinder

**Hubraum (cm³)**
660

**Leistung (PS):**
64

**Vmax (km/h):**
150

## De Tomaso Guarà

**Technische Daten**

**Bauzeit:**
1993-2004

**Motorbauart:**
V8

**Hubraum (cm³):**
3982, 4398

**Leistung (PS):**
286, 305

**Vmax (km/h):**
260, 280

Alejandro de Tomaso war ein Mann, der nicht aufhören wollte, obwohl seine Firma seit den frühen 1990er Jahren unter großen Finanzproblemen litt und er 1993 einen Schlaganfall überlebte. Trotzdem präsentierten er und sein Sohn Santiago 1993 auf dem Genfer Salon sein neuestes Werk, den Guarà. Es sollte das letzte Modell werden, das einzig unter dem Namen De Tomaso verkauft wurde. Zuerst war der Guarà eine Barchetta, später kamen ein Spider und ein Coupé hinzu. Als Mittelmotoren waren zunächst BMW-V8 mit 286 PS eingebaut, die 1998 von Ford-V8 mit bis zu 305 PS ersetzt wurden. Mit Glas- oder Aramidfasern verstärkter Kunststoff und weitere Verbundmaterialien bildeten die Außenhaut, die sich über einen Rohrrahmen spannte. Sie ruhte - ähnlich wie bereits bei De Tomasos erstem Straßenmodell, dem Vallelunga - auf einem Zentralrohrrahmen aus Aluminium, mit dem mehrere Hilfsrahmen verbunden waren. Am Fahrwerk fanden sich innenliegende Feder-Dämpfer-Elemente wie bei Formel-1- und Champ-Car-Rennwagen. Als ich einen Spyder fahren durfte, wollte so ein wilder Guarà festgehalten werden. Die Schaltwege waren extrem eng, im zweiten Gang anfahren reichte völlig. Es gab kein ABS und keine Airbags und das Gepäckabteil war zwischen Auspuff und Motor positioniert. Der Spider sollte damals 242.000 Mark kosten. Kein Wunder, dass in einem Zeitraum von zehn Jahren nur 34 Guarà entstanden.

## De Tomaso Biguà/Qvale Mangusta

Der De Tomaso Biguà oder Qvale Mangusta sollte ein Sportwagen sein, den De Tomaso und Qvale Modena SpA gemeinsam verkaufen wollten. Entwickelt wurde der produktionsfertige Zweisitzer aus dem Konzeptauto De Tomaso Biguà, das 1996 gezeigt wurde. Als die Produktion begann, wurde es in De Tomaso Mangusta umbenannt, bevor Qvale das Zepter vollends übernahm. Kjell Qvale war in den 1960er Jahren ein nordamerikanischer Importeur für den ursprünglichen De Tomaso Mangusta und später für Maserati; Bruce Qvale, der damals Qvale leitete, beschloss, das Auto nach einer Investition von über 30 Millionen US-Dollar unter dem Namen Qvale herzustellen. 1997 wurde das Unternehmen Qvale Modena SpA gegründet, um den Mangusta herzustellen. Das Auto besaß einen 4.6-Liter-V8-Frontmittelmotor mit 324 PS und Hinterradantrieb. Die technische Basis stammte größtenteils von Ford. In Tests erwies sich das Chassis als extrem torsionssteif. Der Mangusta verwendete zudem einen einzigartigen Dachmechanismus, der als „Roto-Top" bezeichnet wurde und vom Faltdach des TVR Griffith (wie das ganze Auto auch) inspiriert worden war. Es verfügte über eine abnehmbare Mittelplatte, ermöglichte aber auch, dass sich der hintere Teil elektrisch nach unten drehte. Damit verwandelte sich das Auto in ein vollwertiges Cabrio. Trotz der wilden Eigner- und Entwicklungsstory sollen immerhin 284 Autos gebaut worden sein.

**Technische Daten**

**Bauzeit:**
1999-2002

**Motorbauart**
V8

**Hubraum (cm³)**
4601

**Leistung (PS):**
324

**Vmax (km/h):**
257

## Toyota Celica (T20)

**Technische Daten**

**Bauzeit:**
1994-1999

**Motorbauart:**
Vierzylinder

**Hubraum (cm³):**
1762-1998

**Leistung (PS):**
116-242

**Vmax (km/h):**
200-230

Es war eine gute Idee, dem sportlichen Toyota in den 1970er Jahren den Namen „Celica" zu geben, was auf spanisch „himmlisch" bedeutet. Tatsächlich legte das Auto eine tolle Karriere hin. Der Celica der vierten Generation von 1985 markierte eine Wende dank des neuen Frontantriebs, der den bisherigen Heckantrieb ersetzte. Und dann kam 1986 auch noch der GT-Four mit permanentem Allradantrieb und 185 PS. Mit dem stärksten Zweiliter-Motor in Japan war er gut gerüstet für die Rallye-Weltmeisterschaft (WRC): Carlos Sainz fuhr 1990 den Fahrertitel ein, der erste für einen japanischen Hersteller, und Toyota wurde Zweiter in der Herstellerwertung. 1992 kam der GT-Four RC (RC steht für „Rally Competition"). Und sicherte 1993 und 1994 mit Juha Kankkunen und Didier Auriol die Fahrer- und Herstellerwertung bei der WRC. Die sechste Generation des Celica (T20) von 1994 bis 1999 kam mit 116 PS oder 175 PS. Der neue GT-Four überzeugte mit 242 PS. Ende 1995 gab es ein Cabrio in dritter Generation. Die siebente Generation schloss letztlich das himmlische Kapitel im Jahre 2005.

## Toyota Supra

Der Name Supra tauchte bei Toyota schon 1978 auf, als Beiname der Spitzenversion des Celica. Erst 1986 durfte der Supra als eigenständiges Modell auf die Straße – bei Toyota galt das als dritte Supra-Generation. Die vierte Staffel begann 1993 und wurde – zumindest in Europa – ab 1996 nicht mehr angeboten. Woanders konnte man den Supra als Coupé oder als Ausführung mit herausnehmbarem Dachteil und mit zwei verschiedenen Motorisierungen bestellen, in Deutschland gab es ihn nur mit dem herausnehmbaren Dachteil und mit dem stärkeren Sechszylinder-Biturbomotor. Der stellte immerhin 330 PS und 441 Newtonmeter zur Verfügung. 2002 war Schluss mit dem Super-Toyota – bis die Japaner 2019 den Supra GR vorstellten.

**Technische Daten**

**Bauzeit:**
1993-2002

**Motorbauart**
Reihensechszylinder-Biturbo

**Hubraum (cm³)**
2997

**Leistung (PS):**
330

**Vmax (km/h):**
250

## Toyota RAV4

**Technische Daten**

**Bauzeit:**
1994-2001

**Motorbauart:**
Vierzylinder

**Hubraum (cm³):**
1998

**Leistung (PS):**
129

**Vmax (km/h):**
170

Klar ist der RAV4 Kult - hatte doch Toyota mit diesem Modell die Idee, Pkw und Geländewagen zu kombinieren. Heraus kam eines der ersten modernen Lifestyleautos. Oder, anders ausgedrückt, das Ergebnis war der Urahn aller modernen SUV. 129 PS kombiniert mit Allradantrieb und einer ordentlichen Bodenfreiheit machten den Japaner in gewissem Maße offroadtauglich, ohne dass sich der Fahrer mit Untersetzung, zuschaltbarem Allradantrieb oder Differenzialen abmühen musste. Nur das Mittendifferenzial ließ sich sperren. Zuerst gab es das Auto nur als 3,7 Meter kurzen Dreitürer, ab 1995 waren fünf Türen bestellbar. Der bot wesentlich mehr Platz dank 20 Zentimetern mehr Radstand. 1998 wurde das Angebot erweitert: Neben dem „Fun-Paket“ mit zwei abnehmbaren Klappdächern kam eine Cabrio-Version mit Stoffdach hinzu. Von der ersten Generation des RAV4 konnte Toyota gut 45.000 Stück absetzen - heute rollt bereits die fünfte Generation durch Wald und Flur.

## Toyota Prius

Wenn Meilensteine Kult sind, gehört der Toyota Prius ohne Frage dazu. Denn er gilt als der erste alltagstaugliche Großserien-Hybridpersonenkraftwagen. Schön war er noch nie, auch nicht die erste Generation, die 1997 in einigen Ländern zu haben war. Aber hier stand eindeutig die Windschlüpfigkeit im Vordergrund. Unter dem Blech arbeiteten ein 58 PS starker Benziner gemeinsam mit einem 41 PS starken Elektromotor. Die Technik nutzte keinen Ladestrom, sondern generierte Verbrenner-Energie aus Brems- und Schubbetrieb. Im Jahr 2000 kam eine überarbeitete Version auf den Markt. Die Leistung des Ottomotors stieg auf 72 PS, die des Elektromotors auf 44 PS. Ebenso wurde die Energiekapazität des mit neuen speziell entwickelten Flachzellen bestückten Nickel-Metallhydrid-Akkus vergrößert, um die Effizienz des THS (Toyota Hybrid System; siehe Hybrid Synergy Drive) zu verbessern. Nach Deutschland kam das Kind der 90er erst 2001 für den engagierten Verkaufspreis von 44.400 Mark.

**Technische Daten**

**Bauzeit:**
1997-2003

**Motorbauart**
Vierzylinder und E-Motor

**Hubraum (cm³)**
1497

**Leistung (PS):**
zusammen 99/126

**Vmax (km/h):**
k.A.

## Toyota Yaris

**Technische Daten**
**Bauzeit:**
1998-2003
**Motorbauart:**
Vierzylinder
**Hubraum (cm³):**
998-1497
**Leistung (PS):**
68-106
**Vmax (km/h):**
155-180

Wer sich schon immer den Kopf darüber zerbrochen hat, was „Yaris" bedeutet, der soll heute geheilt werden: „Yaris" ist ein Kunstwort und bedeutet überhaupt nichts. Außer, dass man darunter ein sehr erfolgreiches Kleinwagenmodell von Toyota kennt. Der Yaris der ersten Generation ist der Nachfolger des Toyota Starlet und des Schrägheckmodells des Toyota Tercel. Die Benzinmotoren besaßen die variable Ventilsteuerung VVT-i, auch ein Diesel war im Angebot. Außerdem wurde in einigen europäischen Ländern eine Sportversion namens Yaris TS mit einem 1,5-Liter-VVT-i-Saugmotor und 106 PS angeboten. Ungewöhnlich war die Gestaltung des Armaturenbrettes, weil die Instrumente sich in der Mitte befanden. Die erste Generation war in Europa ab Frühjahr 1999 erhältlich. In Deutschland wurde es Toyotas meistverkauftes Modell.

## Toyota Land Cruiser 80, 90

Der Land Cruiser war schon immer Kult – er begann seine Karriere bereits 1951. 1990 kam mit dem J8 der Nachfolger des J6 auf den Markt. Der permanent allradgetriebene J8 gilt als Wendepunkt für mehr von allem: mehr Luxus, besonders für den europäischen oder japanischen Markt und mehr Geländetauglichkeit. Zu haben war der „80er" mit einem Vierliter-Reihensechszylinder, der 1992 vom 4,5-Liter-Vergaser oder -Einspritzer abgelöst wurde. Zudem standen drei Dieselmotoren zur Wahl. Als 1996 der J9 als Nachfolger des J7 herauskam, war die Fangemeinde gar nicht so begeistert – empfand sie doch den LandCruiser 90 als eine Verweichlichung ihres Idols. Gründe: der Anflug einer windschlüpfigen Karosserie, der Wegfall lackierter Blechflächen im Interieur, Einzelradaufhängung vorne und Schraubenfedern an der Hinterachse. Selbst die Motorisierung wurde in Richtung Komfort erweitert mit einem 3,4-Liter-V6, der 178 PS generierte. Der Land Cruiser war damit ein wunderbarer großer Reisewagen, der allerdings dank 24,5 Zentimeter Bodenfreiheit und Hinterachssperre nach wie vor auch schweres Gelände überwinden konnte.

**Technische Daten**

**Bauzeit:**
1990-2002

**Motorbauart**
Reihensechszylinder, V6, Vierzylinder-Turbodiesel, Reihensechszylinder-Turbodiesel

**Hubraum (cm³)**
4164, 4477

**Leistung (PS):**
167-215

**Vmax (km/h):**
165-170

## TVR Griffith/Griffith 500

**Technische Daten**
**Bauzeit:**
1991-2002
**Motorbauart**
V8
**Hubraum (cm³)**
4997
**Leistung (PS):**
327
**Vmax (km/h):**
271

Der Griffith ein Kultauto? Ein 3,9 Meter kurzer, superhart gefederter Sportwagen, mit dem der Autor einst auf einer deutschen Autobahn dank fieser Querfuge bei 200 km/h fast abgeflogen wäre. 1995 kostete so ein Sportler 106.500 Mark in Deutschland, dafür konnte man aber auch in 4,5 Sekunden von 0 auf 100 km/h sprinten und bis zu 271 km/h schnell sein. Zwar musste man hinnehmen, dass die Außenspiegel von Citroën, die Fensterheber von VW, die Rücklichter von Ford und die Schalter von Opel stammten. Jedoch wurde zumindest der 243 PS starke Vierliter-V8 von Rover 1993 durch einen selbstentwickelten Fünfliter-V8 ersetzt, was den nun Griffith 500 genannten Sportwagen bei nur gut einer Tonne Wagengewicht brutal machte – 327 PS wurden unter der Kunststoffkarosserie auf die Hinterräder geleitet. Das Kupplungspedal gab sich störrisch, das Lenkrad wollte festgehalten werden, weil der Griffith gerne jeder Bodenrille nachlief. Das Dach bestand aus einer festen Platte, die im Kofferraum verstaut wurde. Danach klappte man die Heckscheibe einfach um. Trotz einer gewissen Alleinstellung siechte TVR stets vor sich hin, was eine Insolvenz im Jahre 2006 nach sich zog.

## TVR Tuscan, Speed Six

**Technische Daten**
**Bauzeit:**
1999-2006
**Motorbauart:**
Reihensechszylinder
**Hubraum (cm³):**
3605, 3996
**Leistung (PS):**
350-405
**Vmax (km/h):**
ca. 280

Wer noch heute rätselt, was für ein Wahnsinnssportwagen durch den Film „Password Swordfish“ raste: Es war ein TVR Tuscan Speed Six. TVR soll nach der Veröffentlichung des Films etwa 50 Anfragen täglich bekommen haben, wo man den Wagen in den USA kaufen könne. Das war jedoch aus abgastechnischen Gründen nicht möglich. In anderen Ländern bot TVR den Tuscan Six Speed dafür gleich mit fünf verschiedenen Versionen des Reihensechszylinders an. Die Power reichte von 350 bis 405 PS, von 389 bis 451 Newtonmetern. 360 PS zum Beispiel sorgten für den Sprint in 4,3 Sekunden. Natürlich auch wieder mit besonderen Details wie den äußeren Türöffnern, die als Knöpfe unter den Außenspiegeln saßen. Innen wurden die Türen an blanken Knöpfen am Radio entriegelt. Die Motorhaube war zugeschraubt, es gab nur Öffnungen für Motoröl und Waschwasser. TVR entwickelte alles selbst, auch den Innenraum, wo Schaltblitze den Drehzahlmesser ersetzten. Ein „Red-Rose-Package“ machte den Wagen stärker und härter für 4000 Pfund Aufpreis. 30 Wagen pro Woche wurden gebaut. Dabei wurde der Tuscan im Laufe seines Lebens relativ wenig verändert – 2005 kam eine Mark-II-Version, die sich aber auch nicht groß unterschied. Wichtigste Neuerung war die Einführung des Cabriolets, von dem aber letztlich nur gut 80 Stück gebaut wurden. Vom Coupé verließen rund 2500 Stück die TVR-Fabrik.

**Technische Daten**

**Bauzeit:**
1992-2003

**Motorbauart**
V8

**Hubraum (cm³)**
3950-4988

**Leistung (PS):**
240-340

**Vmax (km/h):**
228-261

## TVR Chimaera

TVR besaß Ende der 1990er Jahre ein großes Selbstbewusstsein - 1998 war TVR immerhin der größte unabhängige Autobauer Großbritanniens. 700 Arbeiter fertigten pro Woche 50 Glasfaser-Sportwagen auf Gitterrohrrahmen, und die Achtzylinder-Motoren wurden sogar selbst entwickelt und gebaut. Und dann entwickelte man noch für einen Rennwagen einen eigenen Zwölfzylinder mit mehr als 750 PS. Da gehörte so ein Chimaera schon eher zu den Brot- und Butter-Autos des britischen Herstellers, auch wenn der Bau eines jeden Exemplars etwa 450 bis 650 Stunden benötigte. Der Chimaera machte das teils wilde Design der Firma nicht mit und sah einfach nur aus wie ein wunderbarer kleiner Roadster. Allerdings erwies er sich - wie alle TVR - als knallhart. Zur Wahl standen 240 PS, 290 PS und 340 PS, jeweils aus Rover-V8 mit verschiedenen Hubräumen (der eigene TVR-V8 war dem Modell Cerbera vorbehalten). Die Preise starteten in Deutschland bei knapp 100.000 Mark, die stärkste Version kostete rund 10.000 Mark mehr.

## TVR Cerbera

**Technische Daten**

**Bauzeit:**
1996-2003

**Motorbauart:**
V8, Reihensechszylinder

**Hubraum (cm³):**
4185, 4775

**Leistung (PS):**
348-441

**Vmax (km/h):**
296-312

Der TVR Cerbera war in vielerlei Hinsicht ein bemerkenswerter Sportwagen. Nicht nur, weil er der erste 2+2-Sportler von TVR war. Oder weil es TVRs erstes Hardtop-Coupé war. Sondern vor allem deshalb, weil er der erste TVR mit selbstentwickeltem Motor war. Vorher bezog die Firma die Antriebe von MG, Rover, Triumph oder Ford. TVR baute allerdings nicht ganz freiwillig den eigenen V8 - das war eine Folge des Rover-Kaufs durch BMW. TVR-Besitzer und -Chef Peter Wheeler wollte sich keine Probleme aufhalsen, falls die Bayern den Motor einstellen sollten. Der „Speed Eight" besaß 4,2 Liter Hubraum und leistet 365 PS, die später mit einem 4,8 Liter-V8 bis auf 426 PS hinaufgeschraubt wurden. Schon mit dem kleinen Motor waren fast 300 km/h möglich, der größere sorgte für 312 km/h. Der Saugmotor war die Maschine mit der größten Literleistung seiner Zeit und wurde bis auf 441 PS gebracht. Der Erfolg überzeugte Wheeler, auch einen Speed Six mit 348 PS zu bauen - das wurde allerdings ein Reihensechszylinder, der ebenfalls zunächst im Cerbera angeboten wurde. So avantgardistisch wie außen war das Auto auch innen mit unorthodox angeordneten Instrumenten. Etwa 1600 Stück entstanden.

**"Owning a TVR in the past was like owning a bear, I mean it was great, until it pulled your head off, which it would. One day, it would pull your head off."**

Jeremy Clarkson, Moderator des weltweit populären TV-Formats „Top Gear"

## Venturi 400 GT

1984 gründeten zwei Ex-Alpine- und Ex-Peugeot-Mitarbeiter die Firma Venturi Paris, um Autos nach eigenen Vorstellungen zu bauen. Erstes Objekt war das Venturi Cabriolet, es folgte der Venturi Trophy. Das erste Auto mit nennenswerten Stückzahlen wurde ab 1994 der 400 GT. Knapp 90 Stück entstanden – davon ein Sechstel Straßenautos, der Rest waren Rennwagen. Das muskulöse Mittelmotor-Coupé wurde angetrieben vom Euro-PRV-V6-Motor, den Venturi dank zweier Turbolader auf 408 PS powerte. Preis: beeindruckende 258.800 Mark. Der 400 GT war zu seiner Zeit der stärkste französische Wagen aller Zeiten und der erste, bei dem jedes Exemplar mit Carbonbremsen ausgerüstet wurde. Die Nachfolger 260 LM und Atlantique 300 kamen an die Leistungen des 400 GT nicht mehr heran und wurden auch vom Publikum nicht angenommen. 1997 war Schluss mit Venturi Paris – etwa 800 Autos sollen gebaut worden sein.

**Technische Daten**

**Bauzeit:**
1994-1997

**Motorbauart**
V6-Biturbo

**Hubraum (cm³)**
2975

**Leistung (PS):**
408

**Vmax (km/h):**
290

## Volvo 850/V70

**Technische Daten**

**Bauzeit:**
1991-2000

**Motorbauart:**
Fünfzylinder,
Fünfzylinder-Turbo,
Fünfzylinder-Turbodiesel

**Hubraum (cm³):**
1984-2461

**Leistung (PS):**
126-265

**Vmax (km/h):**
195-245

Echten Kult führte Volvo mit der Baureihe 850 fort, die fast unverändert ab 1996 als V70 bis 2000 weiterlief. Schon die Vorgängerserien hatten sich als absolute Dauerläufer erwiesen, und wieder waren hohe sechsstellige Kilometerstände üblich, manche schafften auch problemlos die Eine-Million-Marke mit den fast unzerstörbaren Fünfzylinder-Motoren. Sogar in der Britischen Tourenwagenmeisterschaft tauchte der schnelle Schwede auf - und zwar als Kombi, dessen längere Dachpartie im Vergleich zur Stufenheckversion mehr Anpressdruck versprach. In Deutschland war besonders die nach der Limousine erschienene Kombiversion beliebt, weil sie unglaublich viel transportieren konnte und einfach zu beladen waren. Technisch neu waren im 850er der quer eingebaute Fünfzylindermotor, die sich automatisch an die Größe des Fahrers anpassenden Sicherheitsgurte, eine verbesserte Verbundlenker-Hinterachse und das Seitenaufprallschutzsystem SIPS. Damit war der 850 das erste Auto mit vier serienmäßigen Airbags. Motorenseitig gab es die Wahl zwischen diversen Reihenfünfzylindern, auch als Turbodiesel. Zudem überraschte Volvo 1994 mit der Sonderserie T-5R, einer Turboversion mit bis zu 241 PS, 1995 mit dem 850 R mit bis zu 250 PS. Kurz vor der Einführung des S70 und V70 war auch Allradantrieb bestellbar. Beim S70/V70 war die Motorenpalette ähnlich. Es gab sogar BiFuel-Varianten und mit dem V70/S70 R AWD von 1999 ebenfalls eine Turbopowcrversion mit bis zu 265 PS.

BTCC
Lammers
SECURICOR
OMEGA
EXPRESS
Auto Trader
14
Q8 Oils
VOLVO 850
SECURICOR
DUNLOP

DUS 1·47

## Volvo S40/V40

**Technische Daten**

**Bauzeit:**
1995-2004

**Motorbauart:**
Vierzylinder, Vierzylinder-Turbo, Vierzylinder-Diesel

**Hubraum (cm³):**
1587-1948

**Leistung (PS):**
95-200

**Vmax (km/h):**
180-230

Das Beste an den Modellen S40 (Stufenhecklimousine) und V40 (Kombi) war ihr Design - im Vergleich zu den beiden Typen 440 und 460, die sie 1995 und 1996 ablösten. Das Design leitete bei Volvo eine neue Formensprache ein und distanzierte sich als erstes Volvo-Modell von der bekannten Kastenform. Die ausgeprägte Schulterlinie war ein Merkmal der älteren Volvo-Modelle (wie dem 240) und sollte in kommenden Modellgenerationen zum neuen Markenzeichen werden. Nachdem Volvo Anteile an der niederländischen NedCar an die Mitsubishi Motors Corporation verkauft hatte, einigte man sich auf ein Gemeinschaftsprojekt. Auf dieser Plattform wurden Mitsubishi Carisma und Volvo S/V40 entwickelt. Beide Modelle wurden im niederländischen Werk in Born produziert. Die S60/V40 Modellreihe verfügte Volvo-typisch über eine umfangreiche Sicherheitsausstattung. Neben Front- und Seitenairbags wurden ab dem Facelift zusätzlich auch Kopfairbags angeboten. Antriebsschlupfregelung DSA sowie ein Antiblockiersystem waren serienmäßig vorhanden. Bei der ersten Durchführung des Euro-NCAP-Crashtestes 1997 erhielt ein S40 als erstes Modell überhaupt vier Sterne. Alle S40/V40 verfügten über Vorderradantrieb und ein Fünfgangschaltgetriebe.

S40

JSZ 255
163

## Volvo C70

**Technische Daten**

**Bauzeit:**
1997-2005

**Motorbauart**
Fünfzylinder,
Fünfzylinder-Turbo

**Hubraum (cm³)**
1984-2435

**Leistung (PS):**
163-245

**Vmax (km/h):**
210-240

Der erste C70 baute auf der Bodengruppe des Volvo 850 auf und leitete die neue Nomenklatur bei Volvo ein. Das C stand hier für Cabriolet und Coupé. Letzteres kam zuerst in den Handel, und zwar im April 1997. Das Cabrio - positioniert als Konkurrent der offenen BMW 3er-Reihe - folgte ein Jahr später, wobei die Auslieferung nach Europa erst gegen Ende 1999 begann. Es handelte sich um den ersten offenen Volvo seit Vorstellung des P1900 Sport im Jahre 1954. Erdacht wurde der vollwertige Viersitzer von Ian Callum bei TWR in Oxford. Das Dach benötigte noch knapp eine halbe Minute, sich elektrisch zu öffnen oder zu schließen. Dabei verschwand das Softtop mit der elektrisch beheizbaren Heckscheibe komplett unter einer festen Klappe im Heck oder kam daraus hervor. Für den Antrieb standen zunächst zwei Turbomotoren zur Wahl, 193 PS und 240 PS, weitere Fünfzylinder-Varianten folgten. Ende Oktober 2005 lief die Produktion des C70 Cabriolet nach knapp 50.000 Exemplaren aus.

## Volvo S80

1998 kam der Volvo S80 als erstes vom neuen Eigentümer Ford vorgestelltes Modell mit völlig neuer Optik heraus. Man hatte den S80 mit Fünf- und Sechszylinder-Benzinmotoren und einer Leistung von 140 PS bis 272 PS ausgerüstet. Dazu waren Fünfzylinder-Dieselmotoren mit 130 PS bis 163 PS zu haben. Auch eine BiFuel-Variante (Erdgas/Benzin) war im Angebot. Sämtliche Motoren wurden quer verbaut, um großzügigere Platzverhältnisse im Innenraum zu schaffen. Mit der Einführung des S80 im August 1998 festigte Volvo die mit den Modellen S40 und V40 eingeführten Grundlagen für einen bis heute fortgeführten Karosseriestil. Die Hauptmerkmale davon sind die v-förmigen Sicken auf der Motorhaube mit einer heraussstehenden Nase, die ab der Gürtellinie schmalere Karosserie („starke Schultern“) ebenso wie die abgerundeten Heckleuchten. Mit den neuen Formen verließ Volvo endgültig die Ecken und Kanten, die bis zuletzt noch beim V70 (bis 2000) zu sehen waren. Schade eigentlich ...

**Technische Daten**

**Bauzeit:**
1998-2006

**Motorbauart:**
Fünfzylinder, V6, Fünfzylinder-Diesel

**Hubraum (cm³):**
1984-2922

**Leistung (PS):**
130-272

**Vmax (km/h):**
205-250

# Auto & Gesellschaft: Die Auto-Themen des Jahrzehnts

In Deutschland beginnen die 1990er Jahre mit großen Herausforderungen: Unter anderem müssen nach dem Mauerfall zwei Gesellschaften zusammenwachsen. Eine davon verabschiedet sich 1991 mit einem lachenden und einem weinenden Auge von einer automobilen Institution namens „Trabant": Am 30. April läuft nach 34 Jahren der letzte Trabant – eine Kombi-Ausführung 1.1 Universal – vom Band im Werk Zwickau. Von hier aus fahren vor der Wiedervereinigung mehr als 3,6 Millionen Exemplare aller Baureihen und Ausführungen zu den Kunden, die in der DDR teilweise mehr als 13 Jahre auf ihre Neuwagen warten müssen. Die Ostdeutschen greifen jetzt zum VW Golf, dem Opel Kadett (der gerade vom Astra abgelöst wird) und zum R19.

Automobiles Kulturgut: In der Nachwendezeit erfreut sich der Trabi auch bei Klassikerfreunden im Westen großer Beliebtheit. Niedrige Anschaffungs- und Wartungskosten machen den ostdeutschen Dauerbrenner so attraktiv. Heute, über 30 Jahre später, kostet ein gut erhaltener Trabant 601 rund 14.500 Euro.

Aber auch stärkere Autos liegen im Trend. Was sich bereits 1990 gravierend auf die Unfallzahlen auswirkt: In den alten Bundesländern werden mehr als zwei Millionen Unfälle gemeldet mit 8000 Toten und 340.000 Verletzten. In den neuen Bundesländern werden im selben Zeitraum mehr als 85.000 Unfälle registriert, dabei kommen mehr als 3100 Menschen um. Laut Experten haben die im Vergleich hohen Zahlen im Osten hauptsächlich einen Grund: Viele ehemalige DDR-Bürger – meistens bislang etwa 25 PS im Trabant gewohnt – sind zunächst mit den schnellen und leistungsstarken Westautos überfordert. Allerdings macht auch der Zustand der alten DDR-Straßen das Fahren nicht sicherer. 1991 schätzen Experten die Kosten für die Sanierung des ostdeutschen Straßennetzes auf 62 Milliarden D-Mark.

Der „Bulli des Ostens": Von dem äußerst vielseitigen Nutzfahrzeug rollen zwischen 1961 und 1990 nur gut 180.000 Exemplare aus den Fertigungshallen der VEB Barkas-Werke Karl-Marx-Stadt ...

Bereits 20 Tage vor dem Trabi stirbt übrigens eine weitere Ost-Ikone, der Wartburg: Die Treuhandgesellschaft als Nachfolgeverwalterin der VEB Automobilwerk Eisenach verfügt den Produktionsstopp. Zudem läuft an jenem 10. April 1991 um 9.37 Uhr auch noch der letzte Barkas vom Band.

Im selben Jahr startet in Binz auf der Insel Rügen das vom Bundesministerium für Forschung und Technologie geförderte Großprojekt zur „Praxiserprobung von Elektrofahrzeugen der neuesten Generation“: Zwischen Oktober 1992 und Juni 1996 treten 60 Elektroautos von fünf verschiedenen Herstellern (BMW, Opel, Fiat, Mercedes-Benz, VW) mit verschiedenen Batteriesystemen an, um zu zeigen, welche der verwendeten Technologien Zukunftspotenzial hat.

*Oben:* Mercedes-Benz beteiligt sich 1992 mit 20 Fahrzeugen am Großprojekt zur Praxiserprobung von Elektrofahrzeugen: Neben zehn modifizierten 190ern (W 201), bringen die Stuttgarter Ingenieure zehn Transporter MB 100 D mit auf die Insel Rügen.

Mitte der 1990er geht es der deutschen Automobilwirtschaft gut. Der Weltmarktanteil der deutschen Autoindustrie beträgt rund 14,2 Prozent. 1994 werden allein in Deutschland 4,7 Millionen Autos gebaut. In der Liste der größten Autobauer der Welt nehmen die Deutschen damit Rang drei nach den USA und Japan ein.

1995 findet die erste UN-Klimakonferenz in Berlin (COP 1) statt – damals schon mit der Frage, wie der $CO_2$-Ausstoß verringert werden könnte. Die deutsche Umweltministerin Angela Merkel vertritt dabei die Bundesregierung. Unter dem Motto „Die Hälfte ist machbar“ entwickelt Greenpeace zu jener Zeit das erste Dreiliterauto der Welt und präsentiert den „SmILE“ (Small. Intelligent. Light. Efficient.) im Oktober 1996. Die Umwelt- und Friedensaktivisten zeigen, dass man ein herkömmliches Serienfahrzeug so umbauen kann, dass es bei gleichbleibendem Preis nur noch die Hälfte an Kraftstoff verbraucht. Als Basis dient ihnen ein handelsüblicher, abgespeckter Renault Twingo mit verbesserter Aerodynamik. Als Antrieb kommt ein genügsamer Zweizylinder-Boxermotor zum Einsatz, der zwei Drittel weniger Sprit als der normale Vierzylinder verbraucht. Dennoch wird das Konzept kein langfristiger Erfolg.

Gegen Ende des Jahrzehnts kostet ein Neuwagen in Deutschland übrigens durchschnittlich 32.900 D-Mark. Mehr als fünf Millionen Beschäftigte arbeiten zu jener Zeit in der Automobilindustrie inklusive Vorleistungsbranchen, Zulieferern, Vertrieb und Nutzung. Damit hängt jeder siebte Arbeitsplatz vom Auto ab.

1999 fahren auf der Erde rund eine halbe Milliarde Automobile. Allein in Deutschland kassiert der Fiskus rund 90 Milliarden Mark Steuern von den deutschen Autofahrern: fünf Milliarden Versicherungssteuer, 16 Milliarden Kraftfahrzeugsteuer und 69 Milliarden Mineralölsteuer.

*Unten:* Blick in die Zukunft: Auf Basis eines 420 PS starken Audi A8 mit einem 5,6 Liter großen W12-Motor und Allradantrieb präsentiert die Firma Ital Design 1998 den Structura. Im Hinblick auf neue Kommunikationsmethoden mit der Außenwelt und auch auf die damals geplanten telematischen Mautsysteme, können die Fenster der größtenteils gläsernen Türen nicht geöffnet werden.

## VW Vento

**Technische Daten**

**Bauzeit:**
1992-1998

**Motorbauart**
Vierzylinder, VR6, Vierzylinder-Diesel, Vierzylinder-Turbodiesel

**Hubraum (cm³)**
1598-2792

**Leistung (PS):**
64-174

**Vmax (km/h):**
156-224

Der VW Vento betrat 1992 als Nachfolger des Jetta II die Bühne - ein weiterer Versuch, einen Stufenheck-Golf zu etablieren. Mit dem neuen Namen erhoffte sich der Hersteller besonders für den deutschen Markt einen Imagewechsel des Fahrzeugs und einen Anstieg der Verkäufe. Das Modell war in technischer Hinsicht baugleich mit dem Golf III. Abgesehen von der 36 Zentimeter längeren Karosserie unterschied sich der Vento vom Golf III durch eckige Frontscheinwerfer, einen anders gestalteten Kühlergrill, ein leicht modifiziertes Armaturenbrett (bis einschließlich Modelljahr 1994) und eine bessere Serienausstattung. Der Vento wurde ausschließlich als Viertürer produziert. Mit 174 PS war das obere Ende der Benzinmotoren erreicht, auch zwei Dieselmotoren mit 64 PS und 75 PS waren zu haben. Die Nachfrage in Europa blieb aber wieder hinter den Erwartungen zurück. In Nordamerika allerdings lief der Vento gut.

## VW Sharan

Kaum zu glauben, dass der Sharan der erste Van von Volkswagen war. Andere hatten schon zehn Jahre zuvor die Vorteile des One-Box-Designs (Linie der Motorhaube geht ansatzlos in die Windschutzscheibe über) auf die Straße gebracht, zum Beispiel Chrysler mit dem Voyager und Renault mit dem Espace. VW hatte sich mit Ford zusammengetan, um einen Familientransporter anzubieten, bei den Kölnern hieß der Van Galaxy. Damit nicht genug: VW lebte das „Badge Engineering" und pappte nicht nur das VW-Zeichen vorne auf den Kühlergrill, sondern auch das von Tochter Seat. Dann hieß das Auto Alhambra. Zu Anfang gab es den Sharan in den Ausstattungsvarianten CL, GL und Carat, unter der schrägen Haube arbeitete ein Zweiliter-Benziner mit 115 PS, ein VR6 mit sportlichen 176 PS (optional war für die starke Version Allradantrieb bestellbar) oder ein Turbodiesel-Direkteinspritzer mit 90 PS. Der Innenraum war absolut klassenüblich – bis zu sieben Sitze, einige davon drehbar, fünf ließen sich zum Tisch umbauen oder ganz ausbauen. Schwingtüren bekamen den Vorzug vor Schiebetüren, um den Limousinencharakter herauszuheben. Er wurde unterstützt durch ein festes Fahrwerk und eine sehr verwindungssteife Karosserie. Serienmäßig waren Airbags, ABS und Servolenkung an Bord, überzeugender war aber natürlich der Volumenwert – 1286 Liter konnte man hineinstopfen. Viel gab es schon damals nicht zu kritisieren, höchstens vielleicht die schlechte Sicht nach hinten wegen der vielen Kopfstützen. Die einfachste Variante war für 41.500 Mark zu haben. Im Jahr 2000 gab es ein Facelift, 2010 folgte eine zweite Generation. Seit 2022 wird der Sharan nicht mehr gebaut.

**Technische Daten**

**Bauzeit:**
1995-2000

**Motorbauart:**
Vierzylinder-Turbo, VR6, Vierzylinder-Turbodiesel

**Hubraum (cm³):**
1781-2792

**Leistung (PS):**
90-174

**Vmax (km/h):**
160-199

## VW New Beetle (Typ 9C)

**Technische Daten**

**Bauzeit:**
1997-2010

**Motorbauart**
Reihenvierzylinder, Fünfzylinder, VR6, Vierzylinder-Turbodiesel

**Hubraum (cm³)**
1390-3189

**Leistung (PS):**
75-224

**Vmax (km/h):**
160-225

Eigentlich suchte VW Anfang der 1990er Jahre das richtige Vehikel, um alternative Antriebe in den USA populär zu machen. Da der Käfer eine sehr gute Reputation besaß, kamen die Designer Freeman Thomas und J Mays auf die Designstudie „VW Concept 1“ als moderne Interpretation des VW Käfer. Die Reaktionen auf das neue Modell und sein Cabrio-Pendant gerieten positiv, so dass VW bald die Serienproduktion begann. Der New Beetle war damit eines der ersten Fahrzeuge im sogenannten Retrodesign. Sowohl innen als auch außen erinnert das Styling stark an den Käfer. Sogar eine Blumenvase fürs Cockpit war zu haben. Technisch allerdings hatte der Beetle nichts mit dem Käfer gemein – das fing schon an mit der Positionierung des Motors, der beim Beetle vorne saß. Basis war der VW Golf. Auch die Kraft war eine andere – angefangen bei 75 PS bis hoch zu satten 224 PS. 2005 gab es ein Facelift. Der New Beetle wurde im mexikanischen Puebla gefertigt. Das ähnlich klingende Nachfolgemodell VW Beetle (Typ 5C) lief bis 2019 in den Volkswagen-Werken Coccinelle (Frankreich), Maggiolino (Italien), Bjalla (Island) und Fusca, in (Brasilien) von den Produktionsbändern.

## VW Lupo

Es ging noch keiner als Polo - der Lupo bewies es. „Lupo“ ist das italienische Wort für Wolf und war als Anspielung auf das Stammwerk in Wolfsburg gedacht. Der Lupo wurde im Herbst 1998 eingeführt und damit erst nach dem fast baugleichen Seat Arosa. Der Lupo war nur dreitürig erhältlich und verfügte wahlweise über vier oder fünf Sitzplätze. Er hatte einen recht kleinen Kofferraum, der sich aber durch Umlegen der Rückbank erheblich vergrößern ließ. Das Top-Modell GTI kam mit 125 PS, am anderen Ende rangierte ab 1999 der Lupo 3L TDI, der in Sachen Drittelmix Normverbrauch mit 2,99 Litern Dieselkraftstoff auf 100 Kilometern angegeben wurde und damit das erste serienmäßig hergestellte 3-Liter-Auto der Welt war. Der Verbrauch wurde erreicht durch einen Dreizylinder-Reihenmotor mit Pumpe-Düse-System und einen Luftwiderstandsbeiwert von 0,29. Aber auch zusätzlicher Leichtbau überzeugte die Kunden nicht: Durch die eingeschränkte Funktionalität (Dreitürer, kleiner Kofferraum, wenig Platz im Fond), den hohen Anschaffungspreis und die dadurch bedingte lange Amortisationszeit erschloss sich dem VW Lupo 3L TDI keine breite Käuferschicht. Vom Lupo insgesamt wurden allerdings fast 490.000 Fahrzeuge produziert.

**Technische Daten**

**Bauzeit:**
1998-2005

**Motorbauart:**
Vierzylinder,
Dreizylinder-Turbodiesel,
Vierzylinder-Diesel

**Hubraum (cm³):**
997-1716

**Leistung (PS):**
50-125

**Vmax (km/h):**
152-205

## Golf III/IV Cabrio

**Technische Daten**

**Bauzeit:**
1993-1998 (III Cabrio), 1998-2002 (IV)

**Motorbauart**
Vierzylinder, Vierzylinder-Turbodiesel

**Hubraum (cm³)**
1595-1984

**Leistung (PS):**
75-115

**Vmax (km/h):**
60-193

Ein Golf II Cabrio gab es nie - und die offene dritte Generation kam nie an den Kultstatus des Erdbeerkörbchens, also des Golf I Cabriolets, heran. Trotzdem brachte VW im 1993 erschienenen Golf III Cabrio etwas Neues, und zwar einen Dieselmotor. Aber auch damit konnte das Auto seinen Vorgänger nicht überflügeln: Bis 1998 wurden 164.234 Stück gebaut. Trotz Golf IV ab 1998 wurde der offene Dreier noch bis zum Jahr 2002 weitergebaut. Volkswagen entschied sich wieder für einen Überrollbügel aufgrund von mehr Steifigkeit und Überrollsicherheit. Das Öffnen und Schließen des Daches geschah auf Wunsch elektrohydraulisch und dauerte 20 Sekunden. Das geöffnete Dach lag im Vergleich zum Vorgänger niedriger auf. Als Antrieb dienten Benzin-Sauger mit Kraft zwischen 75 PS und 115 PS. Wie sein Vorgänger wurde auch das Golf III Cabrio in Osnabrück bei Karmann gebaut. Zwei Jahre nach dem Produktionsanlauf waren bereits mehr als 70.000 Exemplare verkauft.

## VW Golf IV

Dass ein Massenauto problemlos Kult werden kann, hat der VW Golf bewiesen. Der Golf IV gilt noch heute bei vielen Fans als der beste Golf aller Zeiten - auch wenn bereits 17 Millionen seiner Vorgänger verkauft worden waren. Die Karosserie genoss elektrolytisch verzinkte Bleche, VW gab eine zwölfjährige Garantie gegen Durchrostung. Die Motoraufhängung war optimiert worden, was für eine wunderbare Laufruhe sorgte. Die Spaltmaße waren minimiert worden - der Golf IV machte in jeder Hinsicht einen guten Eindruck. Das Fahrwerk war straff, aber komfortabel. Die 75-PS-Variante war 1997 mit 25.700 Mark sogar etwas günstiger als sein gleichstarker Vorgänger. Indiskutabel war hingegen der Preis fürs Navigationssystem: 5000 Mark. Auch Allrad gab es optional. Bis Ende 1999 bot VW als stärkste Variante einen 2.8-Liter-VR6 mit 204 PS an (erst ab 2002 war ein R32 mit 341 PS aus 3.2 Litern Hubraum zu haben).

**Technische Daten**

**Bauzeit:**
1997-2003

**Motorbauart:**
Vierzylinder, Vierzylinder-Diesel, Vierzylinder-Turbodiesel, VR5, VR6

**Hubraum (cm³):**
1390-2792

**Leistung (PS):**
75-204

**Vmax (km/h):**
171-235

**Technische Daten**

**Bauzeit:**
1998-2005

**Motorbauart**
Vierzylinder, Vierzylinder-Turbo, V5, VR6

**Hubraum (cm³)**
1390-2792

**Leistung (PS):**
75-204

**Vmax (km/h):**
171-235

## VW Bora

Nein, der Name „Bora" stammte nicht aus dem englischen „boring", was „langweilen" bedeutet. Es war vielmehr der Name eines Windes und sollte endlich dem Typ Stufenheck-Golf zum Erfolg verhelfen. Mehr als ein laues Lüftchen passierte allerdings nicht, wie schon bei den Vorgängern. Da nützte es auch nichts, dass er auf dem VW Golf IV basierte und dessen technische Basis nutzte. Zwar war das Design eigenständiger und eleganter geworden, doch die Kunden griffen lieber zum Golf - obwohl es den Bora bis 2002 sogar mit 2,8-Liter-VR6 gab, der 204 PS leistete. Um die Leistung auf der Straße in Vortrieb umsetzen zu können, verfügte das Topmodell sogar über den Allradantrieb „4Motion". Alle Bora waren vollverzinkt und die Karosserie gegenüber dem Golf IV um 23 Zentimeter verlängert. Ein Zuwachs, der ausschließlich dem Kofferraum (der 455 Liter Gepäck aufnahm) zugutekam. Serienmäßig waren unter anderem ABS, zunächst vier und später acht Airbags sowie eine Zentralverriegelung. Ab Mai 1999 wurde der Limousine der Bora Variant zur Seite gestellt. Ab der A-Säule war die Karosserie identisch mit der des Golf IV Variant. Aber die wenigsten Kunden waren bereit, für einen etwas besser ausgestatteten Golf Variant einen deutlich höheren Preis zu zahlen. In diesem Fahrzeugsegment spielten sogenannte „Lifestyle-Kombis" zu dieser Zeit noch eine untergeordnete Rolle ...

## Zagato Hyena

Eine Hyäne ist nun nicht gerade der Inbegriff von Schönheit und Anmut, und hinterlistig sollen die Raubtiere auch noch sein. Umso erstaunlicher, dass Zagato Anfang der 90er Jahre einen Hyena auf die Räder stellte, und zwar auf Basis des Lancia Delta HF Intergrale. Initiator war der Niederländer Paul Koot, der auf diese Weise die beiden Firmen wieder näher aneinanderrücken wollte. Marco Pedracini zeichnete alles von Hand. Es ist somit der letzte Zagato, der ohne elektronische Hilfsmittel entstand. Das dauerte naturgemäß lange - erst 1992 stand in Brüssel der erste Prototyp. 500 Stück sollten es werden, dann wurde abgespeckt auf 70 Exemplare, aber letztlich wollte Lancia-Konzernmutter Fiat dann doch keine Chassis dafür liefern. So entstanden nur 24 oder 25 Exemplare. Die letzte Hyäne wurde 1995 als Neuwagen für 140.000 Schweizer Franken verkauft. Die wenigen Eigner freuten sich über Exklusivität, eine Alu-Karosserie, viel Carbon im Innenraum und ein Auto, dass zumindest in der Form an eine Hyäne erinnerte.

**Technische Daten**

**Bauzeit:**
1992-1995

**Motorbauart:**
Vierzylinder-Turbo

**Hubraum (cm³):**
2000

**Leistung (PS):**
250

**Vmax (km/h):**
k.A.

PIZZERIA
RISTORANTE
LA FORCIA
S-PR 993